絵でわかる 進化のしくみ

An Illustrated Guide to Evolution

種の誕生と消滅

山田俊弘 著
Toshihiro Yamada

講談社

ブックデザイン　安田あたる
カバー・本文イラスト　田中聡（TS スタジオ）

はじめに

この本の内容は、私が広島大学教養教育で行っている「種生物学」という講義をもとにしています。教養教育ではさまざまな学部に属する学生が席を並べます。専門や予備知識が異なる学生に対して講義を行うのは難しいのですが、私がこの講義を行う上で気をつけているのはただ一つ、「わかりやすさ」です。

ダーウィンが進化理論を提唱してからというもの、数え切れないほど多くの人が進化に魅了され、その解明に人生を捧げてきました。そういう私もその一人です。進化は、私たちを夢中にさせてしまうほど興味深い現象なのです。

講義の題材がこんなにも光り輝いているのですから、わかりやすく学生に伝えさえすれば、学生が興味をもたないはずがありません。わかりやすさを追求した講義を目指して日々もがき、10年以上が経ちました。

この精神のもとにしたためたのが本書です。理系の学生はもとより、専門知識のない文系の学生や高校生、一般の方々にも理解していただけるように注意を払いました。本書を通じて、少しでも多くの人と進化の楽しさを共有できればと願ってやみません。

本書はとても欲張りです。進化のしくみを解説するだけでなく、ダーウィンでさえ言及しなかった種の起源（新種の形成）や種の絶滅、そして昨今大問題となっている生物多様性の損失問題まで取り上げています。それぞれの内容はしっかり書きましたから、どうぞ安心して読み進めてください。

この本を書くにあたって、多くの人に助けていただきました。広島大学の中坪孝之教授には全部を、児子修司博士と近藤俊明博士には一部を、ご専門の立場から読んでいただき、誤りなどの指摘や助言をいただきました。

また、国立環境研究所の高村健二博士、東京農業大学の松林尚志教授、広島大学の近藤俊明博士には、貴重な写真を提供していただきました。おかげで本書を「絵でわかる」シリーズに沿うものに仕上げられました。

末筆になりましたが、本書執筆の機会を与えてくださり、本書がわかりやすくなるように助言、指摘していただいた講談社サイエンティフィクの慶山篤氏と渡邉拓氏に感謝申し上げます。

2017年12月
山田　俊弘

絵でわかる進化のしくみ　目次

An Illustrated Guide to Evolution

第 I 部

進化のしくみ

進化とは、世代を経るにつれて生物の形質（生まれもった姿かたちや性質のこと）が変化することです。ダーウィンは、進化のしくみを生存競争、個体の唯一性（変異）、自然選択、遺伝で説明し、1859年11月に『種の起源』の中で発表しました。ダーウィンが進化理論を発表して以来、進化に関する研究が急速に進み、多くのことがわかってきました。第I部では、これまでに発表された進化に関する重要な知見を紹介していきます。その中には、自然選択を中心としたダーウィンの進化理論に立脚したものもあれば、進化は自然選択以外の要因でも起こりえるという考えまであります。ここで紹介する考えはどれも、科学者が情熱を傾けて作り上げた素晴らしいものばかりです。多くの考えに触れることで、進化と進化のしくみに対する多角的な理解を深めていきましょう。

第1章 進化の定義

1.1 「進化」に与えられる意味

まず何より先に、この本で用いる「進化」という言葉をきちんと定義しておく必要があります。進化という言葉は、使う人によって意味が大きく異なるからです。

日常でよく耳にする進化は、ある物が新しく進歩的な機能を加えることを意味するのではないでしょうか。例えば、新型車や新しいパソコンのコマーシャルで使われたりしますね。お笑い芸人が新しいネタを披露すれば「進化した」と評されることもあるでしょう。こういった文脈で使われる進化とはさしずめ、進歩を伴う変化、といったところでしょうか。このような意味で、日常的に違和感なく「進化」が使われていますが、「進化」が生物学で使われるときはこうした意味ではありません。

ある言葉が意味する概念をより明確で厳密に定めていくことを「解明的な定義」と言います。「進化」を解明的に定義するという試みも可能でしょう。しかし、私は進化に対しては解明的な定義を行おうとは思っていません。ここでの狙いは進化の概念の明晰化ではなく、本書で使用する「進化」という言葉の意味を限定することです。先述のとおり、生物学で用いられる進化の意味が、日常で使われるそれと大きく異なるだけでなく、生物学者の中でも多少異なることがあるからです。

いきなり核心ですが、この本では、進化を「生物の形質が世代を経るにつれて変化していくこと」と定義しておきます。これは、生物学の世界で広く用いられている定義でしょう。また、イギリスのダーウィン（Darwin, C.）が『種の起源』の中で進化を言い表すのに使った“descent with modification”（変化を伴う世代交代）に近い考えだと思います。

1.2 約定による定義

私は前節で、この本では「進化」という言葉をこういう意味で使う、という取り決めを行いました。このような人と人の間の人為的な取り決め・約束事のことを約定といいます。約定によって、言葉に意味が与えられたり、あるいは、すでに幅広い意味を与えられている言葉の使用範囲が限定されたりします。具体的な例をもとに、約定のイメージをつかんでいきましょう（**図 1.1**）。

図 1.1 「イヌ」という言葉とそれが指すものの間の約定

地球温暖化防止のための気候変動枠組条約の京都議定書では、森林を用いた温室効果ガス削減活動が認められました。森林吸収源対策と呼ばれるものです。日本は京都議定書第一約束期間（2008 年から 2012 年の 5 年間）において、1990 年の 1 年間で日本が排出した温室効果ガスに対して 6%、年間排出量を削減することが義務付けられました。そして、このうち 3.8% 分もの大量の温室効果ガス削減を、森林吸収源対策により達成しました（**図 1.2**。なお、図中の森林等吸収源対策による 3.9%という数値は、森林以外の吸収源〔都市緑化等〕による 0.1%を加算したものです）。

さて、森林吸収源対策を実施しようと思ったとき、まず明らかにしないといけないのは「森林とは何を指しているか」です。木がまとまって生え

図 1.2 日本の温室効果ガス排出量の推移と京都議定書の達成状況

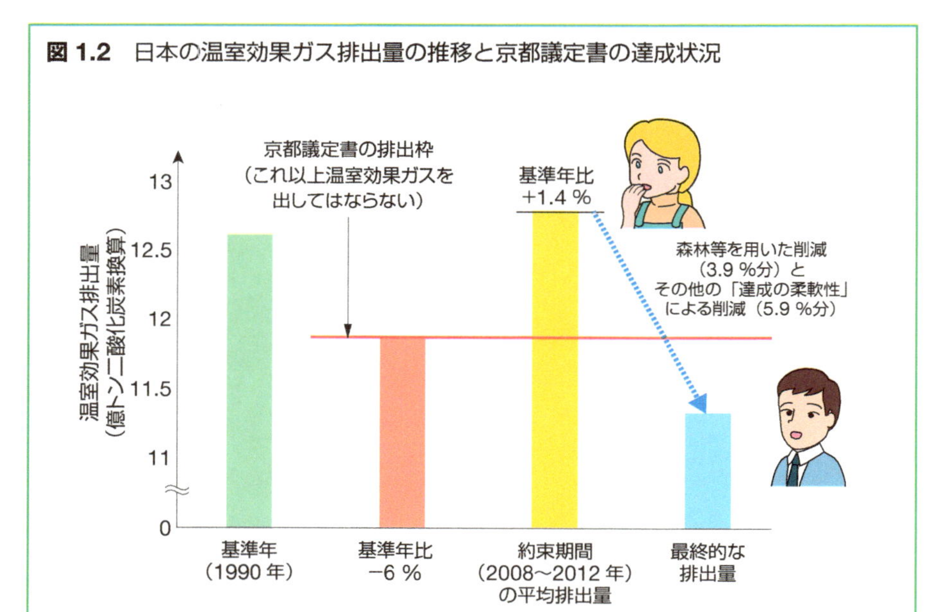

環境省の資料より作成　http://www.env.go.jp/press/upload/24788.pdf

京都議定書第一約束期間（2008 年から 2012 年の 5 年間）において、日本は 1990 年の 1 年間で日本が排出した温室効果ガスに対して 6%分の年間排出量を削減することが義務付けられた（赤の棒）。
しかし、実際には約束期間中に 1990 年比 101.4%の温室効果ガスを排出してしまった（黄色の棒）。京都議定書では、これで直ちに義務を果たせなかったとはみなされない。達成の柔軟性というしくみがあり、ある決められた活動を行えば、その分だけ温室効果ガスを削減したと認められるからである。日本は 3.9%分もの大量の温室効果ガス削減を森林等吸収源対策により達成し、その他の柔軟性によりさらに 5.9%分の温室効果ガス削減を行った。これにより削減義務を果たすことができた（青の棒）。

図 1.3　気候変動枠組条約（京都議定書）における森林の定義

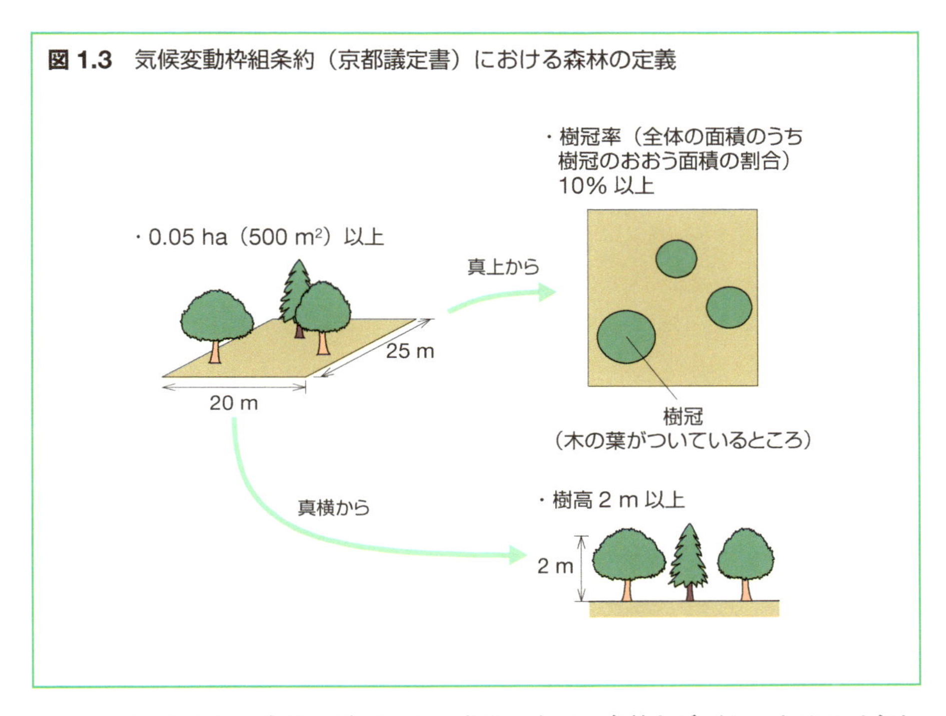

ている土地を森林と呼ぶことは常識ですが、森林と呼ばれるためにはどれくらいの広さが必要で、そこにはどれくらいの大きさの木が、どれくらいの密度で生えていなければならないのでしょうか。これに答えるためには、ある土地が森林に該当するかどうかの基準を用い、対象としている土地が森林かどうかを判断することになります。

しかし、ある土地が森林に該当するかどうかの絶対的な基準などは作りえません。用意する基準は恣意的なものにならざるをえませんから、国際的な共通認識を作るため、約定により森林を規定することになります。当然、気候変動枠組条約（に関するマラケシュ合意）では森林に対して約定があり、それは、「その場での成熟時に最低 2〜5 m の樹高に達する可能性のある樹木種で、10〜30%以上の樹冠率（または同等の群体レベル）を有する最低面積 0.05〜1.0 ha の土地」となっています（**図 1.3**）。京都議定書では、かなり小さな規模の土地から森林と扱うことに驚いたかもしれません。木が植えられているちょっとした広さをもつ公園ならば、京都議定書によれば森林に該当するのです。

1.3 言葉に意味をたくさんもたせる危険

スイスの言語学者のソシュール（de Saussure, F.）が指摘したとおり、元来、言葉とそれが示す意味の間には恣意的なつながりしかありません。言葉にはどのような意味を与えることも可能です。「言葉の定義とは約定である」と割り切ってしまえば、約定により「進化」にどんな意味を与えることも可能です。生物学者は時々、日常で用いられている「進化」の意味が誤っていると指摘します。生物学の立場での「進化」の解明的な定義は、本書で与えた進化の定義に近いことでしょう。ですから、これと照らし合わせれば、この指摘には一理あると思います。しかし、「言葉の定義とは約定である」という立場ならば、間違った定義など存在しえなくなります。

イギリスの作家ルイス・キャロル（Carroll, L.）の児童小説『鏡の国のアリス』で、ハンプティダンプティが「すばらしい」という言葉を「手ひどくやられる」という意味で使ったときの理屈と同じです。もちろん一般的には「すばらしい」には「手ひどくやられる」などという意味はありません。ハンプティダンプティが勝手に約定しただけです。それを聞いたアリスはあきれながら、「かんじんなのはね、あなたが使うことばがそんないろんなことがらを意味することができるかどうかっていうことですわ」と答えています。

アリスのこの指摘はなかなか的を射ています。約定により言葉にさまざまな意味を詰め込むことは可能ですが、その約定された意味が一般的に認識されていない限りは、その言葉を使って肝心の意思疎通ができないのです。

ですから、すでにたくさんの意味を与えられてしまった言葉に対しては、やはり約定を用いて、当事者の間で異なった意味で使用していないか確認することが必要になります。この意味で、本書では私と皆さんの間で誤解が生じないように、進化を「生物の形質が世代を経るにつれて変化していくこと」と限定しておきます。

第2章 進化に気がついた人たち

2.1 ステノの化石の認識

さて、この本で用いられる「進化」の意味がはっきりしたところで、話を先に進めることにしましょう。生き物が進化することに最初に気がついたのが誰かは定かではありません。しかし、どうやらかなり昔から、うっすらと感づいていた人もいたようです。

17世紀にデンマークのステノ（Steno, N.）は、化石を動物の遺体がその上に沈殿物が堆積する間に石化したもの、と解釈しました。化石の存在は古代から知られていましたが、ステノ以前にはそれが生物の遺骸に起源するとは考えられていませんでした。地中で自然発生した生物がそのまま埋もれてしまったものとか、神の手で創造されそこねたものが地中に埋められたもの、という概念が一般的だったようです（八杉龍一 1989）。

聖書によれば地球の歴史はたかだか数千年なので、これより長い時間を必要とする解釈はキリスト教の世界観と矛盾することになります。そして、数千年は化石の形成には不十分な長さです（現在では化石とは、一般的に、生物が死亡してから数万年以上経過したものを指します）。ですから、ステノの化石の解釈は、その当時では根本的に新しい考えだったのでしょう。ステノは化石と地層の研究から、その当時の常識であったキリスト教的な静的な世界観では説明ができないほど、生物と地球の歴史は変化に富んでいるという考えに行き着きました。

2.2 進化を受け入れなかった人、キュヴィエの天変地異説

さらに18世紀になると、フランスの自然研究者ビュフォン（Buffon, G.-L. L. de）がやはり化石の証拠から、生き物が進化するという考えを示しました。しかし、その後、フランスの博物学者キュヴィエ（Cuvier, G.）はビュフォンの進化の考えをこてんぱんに否定しました。進化の考えはキリスト教の考えと異なるので、キリスト教を重んじる人にとっては困りものだったのです。

キュヴィエは化石と地層の関係を丁寧に調べ、古い種の化石が消え、そのすぐ後に新しい種の化石が出現することを見つけました。進化を前提とする立場からみれば、このことは古い種が新しい種に進化したと解釈されるでしょう。しかし、キュヴィエはこう考える代わりに、古い種が消失するような出来事が起こった後に、その出来事を乗り越えることができた少数の生き物が、世界に広がったと考えました。天変地異説とも呼ばれる考えです。キュヴィエは天変地異として、聖書にも書かれているノアの洪水のような出来事を想定しました。大洪水で土砂が大量に堆積したとすれば、深い地層から化石が出現する理由も説明できます。キュヴィエは神による生物の創造は一度しかなかったと考えていたようですが、キュヴィエの弟子たちの中には、天変地異が何度も起こり、そのたびに新しい種が現れたと考える者もいました。神の創造は一度ではないという考えです。

進化的な考えでも、キュヴィエの天変地異説でも、化石の消長を説明することができるわけですから、化石の証拠からだけではどちらが正しいとも言い切れません。どちらが正しいか判断するためには少なくとも、それを起こすしくみを説明する必要があります。

2.3 ラマルクの進化理論

生き物が進化することを、そのしくみとともに世界で初めて著したのはフランスの博物学者ラマルク（de Lamarck, J. -B. P. A. M.）でした。それは、ダーウィンが『種の起原』を出版する50年も前のことです。ラマル

クといえば、高校の生物学の教科書にも登場する有名な生物学者でもあります。ただし、教科書で紹介されるときはいつも彼の間違った部分が強調され、まるでダメ生物学者のような損な役回りを負わされているように見えます。しかし、彼の進化理論をきちんと見ると、なかなか優れた考えであったことがわかります。

ラマルクの進化理論は大きく二つの考えに分けられます。一つ目の考えは、生物は単純なものから複雑なものへ、一方向的に進化する、というものです。二つ目は、生物はそれを取り巻く環境に合わせて進化する、という考えです。それぞれ詳しく見ていきましょう。

前進進化しかない世界

ラマルクは無脊椎動物の専門家でした（無脊椎動物という言葉もラマルクが作った言葉です）。彼は無脊椎動物の形態の比較と化石の資料から、「無機物からゾウリムシのような単細胞生物が自然発生し、それはとても長い時間をかけて、自発的にヒトのような複雑な生物に前進進化する」という考えに至りました（前進進化とは、世代交代に伴い、種内で小さな変化が漸次的に蓄積されることで進む進化で、長い時間をかけてある種が別の種に進化することです。第 10.2 節参照）。

しかし、ここでラマルクは、自説では説明しがたい困ったことにぶつかりました。最初の生物が現れてから、進化によってヒトが出現するほど長い時間が経ったにもかかわらず、いまだにゾウリムシなどの原始的な生物が存在しているという事実です。彼の考えでは、すべての生物が一斉に無機物から誕生し、同じだけの時間が経っているのならば、単純な生物はすべて複雑な生物に置き換わっているはずです。ラマルクはこの矛盾を解消するために、単純な生物は常に自然発生していると考えました。私たちが目にする原始的な生物は、つい最近誕生したばかりの最も新しい生物だというのです。ラマルクはヒトが地上で最も進んだ生き物であり、地球に最初に現れた生物が進化してヒトになったと考えたのです（**図 2.1**）。

ラマルクによれば、現在見られる生物たちの複雑さの差異は、各生物が自然発生してからの時間の違いを反映しているわけです。彼のこの考えでは、自然発生した生き物はそれぞれ独自の経路で複雑化していくことになります。複雑化の結果、必ずしもヒトに行き着く必要もありませんし、複

図 2.1　前進進化しかないラマルクの考え

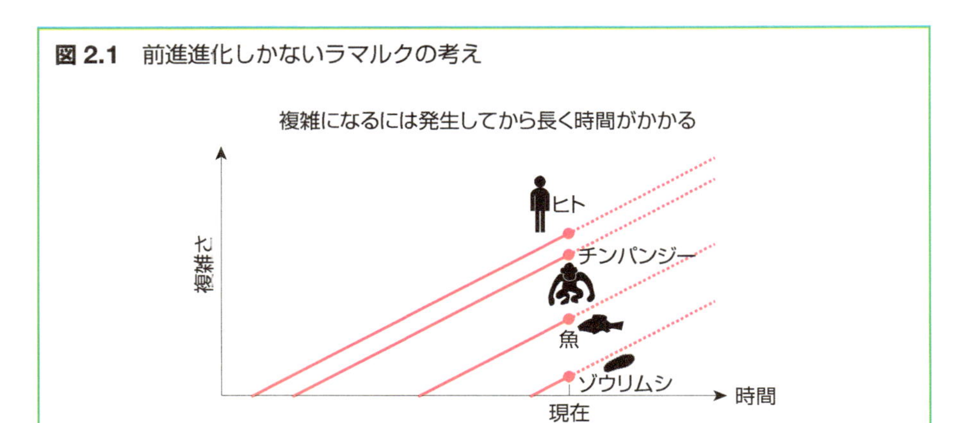

雑化の経路も多様です。ですから、今見られる生き物の間に系統的なつながりは見いだせないことになります。例えば、分岐年代については異論があるものの、ヒトとチンパンジーは約 1300 万年前に共通祖先から分岐したと現在は考えられていますが、ラマルクの考えによれば、ヒトとチンパンジーは別々に自然発生した単純な生物からそれぞれ独立に進化した別系統です。したがって、ヒトの祖先をどれだけ遡ってもチンパンジーの祖先にはつながらないことになります。これは、後で紹介するダーウィンによる進化の見立てと全く異なる点です。

用不用説

ラマルクの進化理論を構築する二つ目の考え、すなわち、生物は周囲の環境に合わせて進化する、という部分について詳しく見ていきましょう。これは彼の考えの中で最も重要な部分で、後に紹介するダーウィンの考えと共通します。そしてラマルクは、生物が環境に合わせて進化するしくみを以下のように考えました（**図 2.2**）。

ひとことでいうと、“努力”です。ラマルクによれば、生物には環境に合わせてうまく生きていこうとする“besoin（ブゾワン、フランス語で必要の意）”があるそうです。この必要に従って生物が努力する、すなわち特定の器官を頻繁に使うようになります。そうすると、その器官はその個体の一生の間に発達するはずです。そして、ある個体が努力により発達させた

図 2.2　ラマルクの用不用説によるキリンの長い首の説明

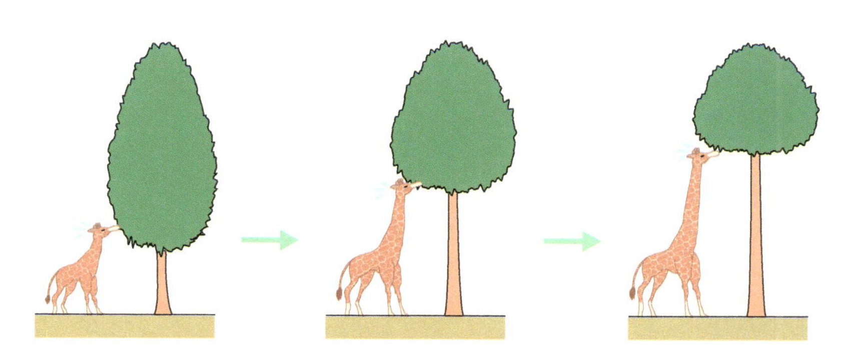

キリンの祖先は首が長くなかった。彼らは高いところにある葉を食べようと首を伸ばす "努力" をするうちに、首が少し長くなる。こうして獲得した首が少し長いという形質は遺伝によって子孫に伝わる。こうして少しずつ、代々首の長い形質が積み重ねられて、現在みられるように長い首になった。

器官は、遺伝によって子孫に伝わると考えました。これは獲得形質の遺伝といわれる考えです。獲得形質の遺伝の結果、努力による器官の発達が世代を超えて蓄積され、多くの世代を経ることでより環境に合うように進化すると考えたのです。ラマルクはこの進化のしくみを説明するときに、さまざまな生き物で見られる生活環境と形態の対応を紹介しました。キリンの長い首、アヒルや水鳥の水かき、木につかまる習性をもつ鳥の爪、ヘビの長い体、ヒラメの目の位置など、じつにたくさんの動物について、生活環境と形態の対応を示しています。

一方でラマルクは、使われない器官は小さくなり、最後には無くなるとも考えました。この証拠として、咀嚼をやめたクジラやアリクイに歯が無いことや、地下に生息し、視覚を用いない生活をするモグラの一種に目が無いことを挙げました。ラマルクのこの考えは、用不用説と呼ばれています。

ラマルクの進化理論を成り立たせるためには、生き物は生まれた後の努力で器官を発達させることができ、そうして得られた形質（獲得形質）を次の世代に伝えることができなければなりません（遺伝）。私たちは実際に、生まれた後の努力で特定の器官をある程度は発達させられます。例えば、筋トレで筋肉ムキムキの体になることがそれにあたります。

では、こうして獲得した形質は、次世代に遺伝するでしょうか？ ラマルクの用不用説の生命線である獲得形質の遺伝は、後にドイツの動物学者ワイスマン（Weismann, A.）に完全に否定されてしまいました。この経緯については、第3.5節で詳しく述べることにします。

黙殺されたラマルクの理論

残念ながらラマルクの進化に関する二つの考えのどちらも、今では受け入れられていません。一つ目の考えには、生物を系統的にとらえる視点が欠如している、という問題があります。そのため、現生の生物の異なる種同士を進化の道筋で結べません。二つ目の考えは獲得形質の遺伝を前提としているので、獲得形質の遺伝が否定されてはどうしようもありません。しかし獲得形質が遺伝しないことが明らかになったのは、彼が死んだずっと後のことです。にもかかわらず、ラマルクの進化理論は発表当時からほとんど無視され、ラマルクは不遇の死を迎えました。ラマルクは、科学的な知見を基盤に、生物が進化するしくみを首尾一貫した理論で説明し、その当時で作りうる最善の理論を構築した人です。もう少し評価されるべきではないか、と切なくなります。

彼の進化理論が当時の世間に認められなかった理由は、その科学的な信憑性というよりはむしろ、宗教との対立にあったようです。彼の理論は、その当時ヨーロッパで標準的だったキリスト教の考え、すなわち「神に創造された世界」と真っ向からぶつかりました。生物が進化するという前衛的な考えを、その当時ではまだ社会が受け入れることはできなかったのでしょう。いわば時代がラマルクについてこられなかったのです。しかし、こうして黙殺されたラマルクの進化理論は一方で、50年後にダーウィンにより発表される新しい進化理論を社会が受け入れる基盤となっていた、と振り返ることもできます。

第3章 ダーウィンの進化理論

3.1 分岐による進化と系統関係

さて、いよいよダーウィンが考えた進化理論を見ていきましょう。彼の進化理論では、生き物を取り巻く環境が生物を進化させるという根本の部分はラマルクと共通しますが、進化の捉え方や進化のしくみについては全く異なります。まずダーウィンは、進化を共通の先祖からの枝分かれというイメージでとらえていました。現生の生物種や化石種はそれぞれ独立ではなく、系統的に関係する、という考えです。それは、『種の起源』で唯一使われた図版が系統樹であったことにも表れています（**図 3.1**）。

3.2 ダーウィン進化理論での進化のしくみ

次にダーウィンの進化のしくみの考え方を紹介しましょう。彼の考える進化のしくみは（1）生存競争、（2）個体の唯一性（変異）、（3）自然選択、（4）遺伝の四つに分けられます。以下で順番に見ていきましょう（**図 3.2**）。

（1）生存競争

生き物が時間とともに個体数を変化させる様子を考えてみましょう。生き物の個体数は理想的な状態では、世代を追うごとに１個体が２個体に、２個体が４個体にと、倍、倍、という調子で増えていきます。このような増加を指数関数的といいます。そんなふうに指数関数的に個体数を増やすのは、細胞分裂により増加する単細胞の生き物だけだと思う人もいるかも

図 3.1 『種の起源』で使われた系統樹

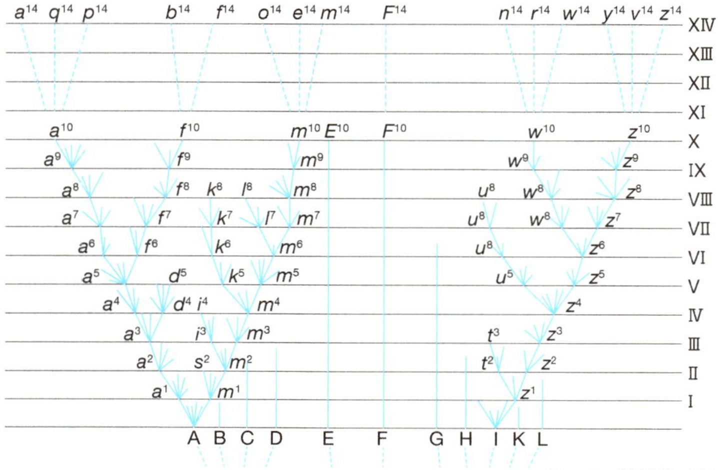

Darwin（1859）より

しれませんが、私たちヒトを含めたすべての生き物が、基本的には指数関数的に個体数を増やします。指数関数的に爆発的に増加する様子は、時にはちょっとした恐怖です。漫画『ドラえもん』に出てくる、物体の数を5分ごとに2倍にする「バイバイン」という秘密道具をご存じですか？ のび太君が栗まんじゅうを指数関数的に増加させてしまって途方に暮れる、というお話です。この話で、指数関数的な増加の急激さに驚いた人もいるのではないでしょうか。

ダーウィンは『種の起源』の中で、指数関数的な増加で個体数が爆発的に増えていくことを、最も増加速度が遅い生き物の一つであるゾウを例に説明しています。ゾウが90歳の寿命の間に6匹の子を3回に分けて産む、という単純な仮定のもと計算を行い、そのゾウの子孫が500年の間に、1500万頭に達するとはじき出しました。この計算が正しいとすれば、地球はゾウだらけになりそうですね。

この当時イギリスの経済学者マルサス（Malthus, T.）は『人口論』を著し、その中で指数関数的増加を人口に応用し、ヒトはやがて食糧不足に陥ると主張しました。人口増加は指数関数的だけれども、食糧生産はどうが

図 3.2 (1) 生存競争、(2) 個体の唯一性（変異）、(3) 自然選択、(4) 遺伝からなるダーウィンの進化理論

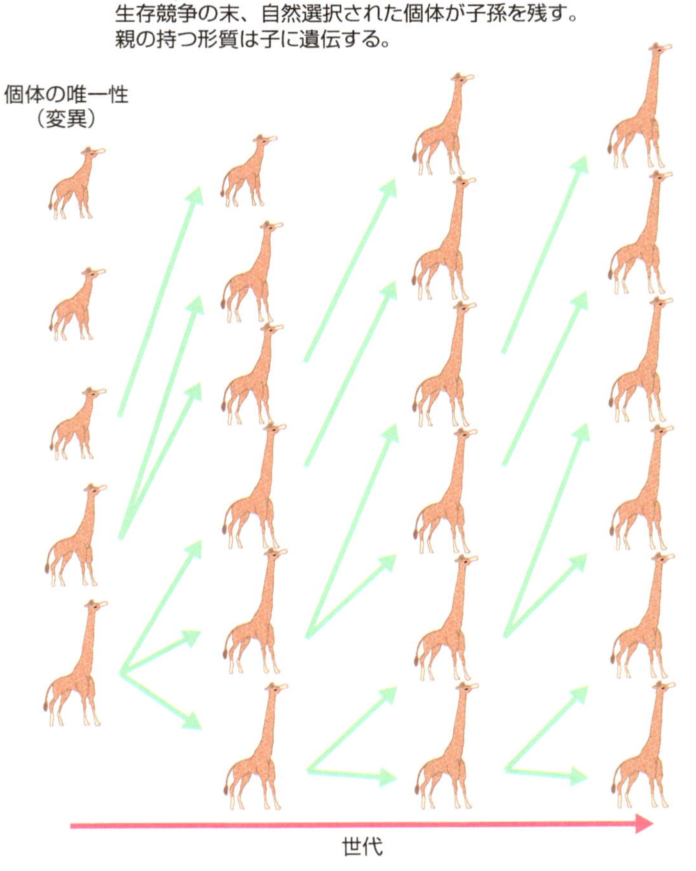

どの世代にも首の長いキリンから短いキリンがいる。これらすべてが子を残せるわけではなく、
キリンの間で生き残り、子孫を残すためのし烈な生存競争が起こる。
首が長いキリンは、高いところの葉が食べられるので生存競争で有利となり、
勝ち残り（これを自然選択という）、子を残す。
首の長いキリンの子には、親のもつ首の長い形質が遺伝する。
こうして少しずつ、代々首の長い形質が積み重ねられて、現在見られるように長い首になった。

んばっても一次関数的（例えば比例関係）でしか増産できないことがその理由です。ダーウィンはこれを読み、生き物の増加が爆発的だという自分

の考えの確かさを確信しました。

先にも述べたとおり、個体の指数関数的増加はすべての生き物に当てはまるはずです。にもかかわらず、ある種の個体数が発散することはありません。地球はゾウだらけにはなっていないのです。それどころか観察されるどんな種の個体数も、ほぼ定常的な安定性をもっています。この矛盾をどうすれば解決できるでしょうか。正解は、生き物はたくさん生まれるけれども、そのすべてが大人になれるわけではない、という説明です。

このことに気がついたダーウィンは、生まれてきた生き物たちは生き残り、大人になるためのし烈な競争に常にさらされていると考えました。彼はこれを「生存競争」と呼びました。ダーウィンが『種の起源』で使った生存競争という言葉は、同種別種を区別せず、すべての他個体との競争という意味でした。しかし、本書ではわかりやすく、同じ種の中での他個体との競争という意味で「生存競争」を使います。

(2) 個体の唯一性（変異）

個体ごとに形質が少しずつ違います。この個体ごとの形質の違いを個体の変異と呼びます。例えば私たちは一人として同じ顔をもつ人はいません。誰もが唯一無二の顔をもって生まれてきます。『鏡の国のアリス』でアリスが言うように、顔の違いのおかげで名前と個体が一致できているのでしょう。みんな同じ顔だったら、個体識別が大変そうですね。

さて、この当たり前の個体の変異を、個体の唯一性として重要視したのはダーウィンが世界で初めてです。第12.2節で詳しく述べますが、それまでの生物学では、個体の変異を理想的な表現型になり切れなかった、いわば“できそこない”として見ていました。この考えでは、変異そのものには注意は払われず、理想的な形をもった個体を見つけることのみが重要視されます。こうした世界観の中で個体の唯一性に注目したのは、いわばパラダイム（ある時代の科学者たちにとっての規範的な考え方。第10.5節参照）の大変革でした。

ダーウィンは「生存競争」と「個体の唯一性」というアイデアを合わせて、次に述べる自然選択を原動力とする進化理論を構築したのです。

（3）自然選択

自然選択も個体の唯一性の考えと並び、ダーウィンのオリジナルなアイデアで、彼の進化理論の肝になります（イギリスの自然科学者ウォーレス〔Wallace, A. R.〕が先に思いついたという意見もあります）。自然選択というアイデアの発端となるのは、次のような問いです。生存競争の末、繁殖が可能となるまで生き残り、子を残せる個体とそうでない個体がいるとしたら、それらを分けるのは何なのでしょうか。ダーウィンは、生存競争の結果を偶然とは考えませんでした。生き残り、子孫を残せた個体には、それを成し遂げるだけの理由があったと考えたのです。

ダーウィンは、環境に適した形質をもつ個体ほど、それだけ生き残りやすいと考えました。これが自然選択です。たくさん生まれた個体のうち、環境により適した変異をもつ個体が選抜され（生き残り）、子を作ると考えました。

（4）遺伝

今までの話をまとめると、環境に適した形質をもつ個体は自然選択の結果、そうでない個体に比べて多くの子を残せることになります。ダーウィンは、生まれてくる子の形質についても一つのアイデアを加えました。親のもつ生存に有利な形は、その子に引き継がれると考えたのです。

ダーウィンの進化理論では、生き延びる（自然選択される）ことだけでなく、自分の形質をより多くの子孫に引き継ぐことが重要視されました。この考えを少し広げると、自然選択される個体は、生存に有利な形質をもつものだけでなく、繁殖に有利な形質をもつものも対象になります。

ダーウィンは、変異、生存競争、自然選択、遺伝が多くの世代で繰り返されることで、進化が起こると考えました。これがダーウィンの進化理論ですが、驚くほど単純で、すっきりとしています。当時のイギリスの生物学者ハックスリー（Huxley, T. H.）がダーウィンの進化理論を聞き、愕然としながら、「今までこんな単純なことに気がつかなかったなんて！」と思わず叫んだという逸話が残っています。しかし、この考えに気づけなかったのは、何もハックスリーだけではありませんでした。ダーウィン以外、誰もこんな単純なことに気がつけなかったのです。それに、もしハックスリーと同じ台詞を私がうそぶいたのならば、「そりゃ、お前じゃ気づくまい」とバカにされるでしょう。そんな逸話が残っていること自体が、ハックスリーの明晰さを物語っています。

3.3 ダーウィンフィンチ

ダーウィンが以上の考えに至るのに重要な役割を果たしたのが、1831年から5年にも及ぶビーグル号での南半球一周の航海でした。もちろん、この旅で経験したことだけから進化理論が構築されたわけではないでしょう。しかし、航海中に観察したさまざまな事柄や、航海で集めた標本の整理や研究抜きには、彼が進化理論を打ち立てることはできなかったはずです。

その中でも、後にダーウィンフィンチと名づけられることになった鳥のくちばしの変異の研究は有名です。ダーウィンは1835年にビーグル号で南太平洋のガラパゴス諸島を訪れ、そこで数週間を過ごしました。赤道直下にあるガラパゴス諸島は、南米大陸から西に約1000 kmも離れた太平洋の真ん中に位置する火山性の群島で、大小15の島と、多くの岩礁からできています（**図3.3**）。ダーウィンフィンチはガラパゴス諸島特有の鳥です。ダーウィンは、かの地に滞在する間、この鳥をつぶさに観察し、帰国後も標本を詳しく調べました。

ダーウィンフィンチは十数種からなる、スズメくらいの大きさの目立たない鳥の総称です。ダーウィンフィンチの食性は変化に富み、サボテンの蜜を吸うものから、サボテンの中にいる虫を食べるもの、地面に落ちている種子や昆虫を食べるものまでさまざまです（**図3.4**）。ただし、種によって何を食べるかはだいたい決まっています。

例えば、地フィンチというグループには数種が含まれており、それらは地面に落ちている種子や這っている昆虫を食べています。さらに、地フィンチの種間では、餌とする種子の大きさと硬さが異なっていて、くちばしの大きさ・形状も食べるものに合わせたように異なるのです。また、ウチワサボテンの花を食べるサボテンフィンチという種は、花の蜜を吸うのに適した長くて曲がったくちばしをもっています。昆虫だけを食べるムシク

図 3.3　ガラパゴス諸島

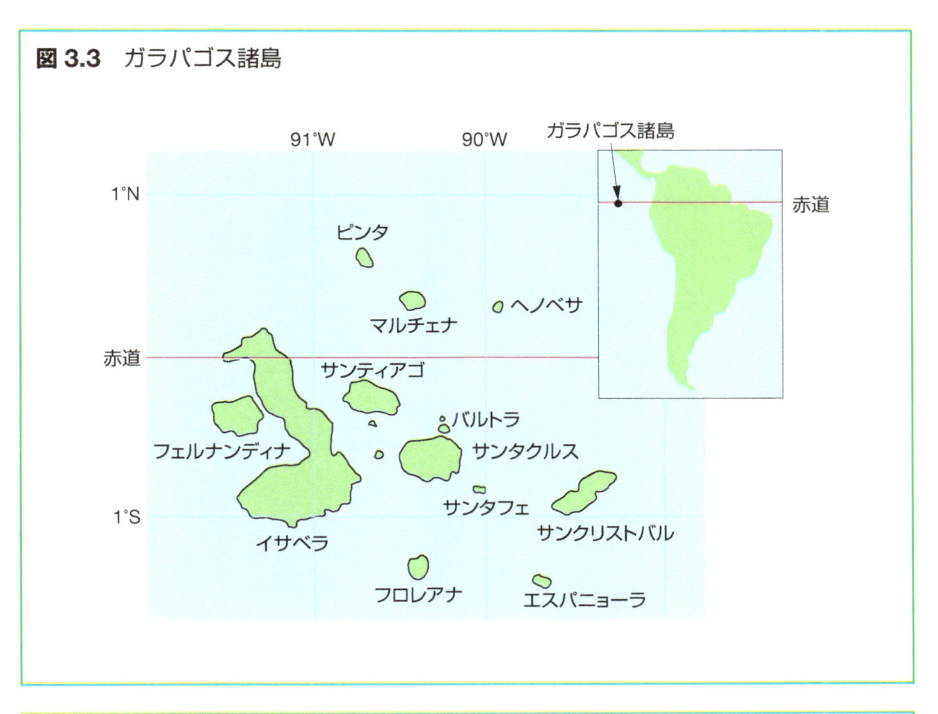

図 3.4　ダーウィンフィンチのくちばしと食性の関係

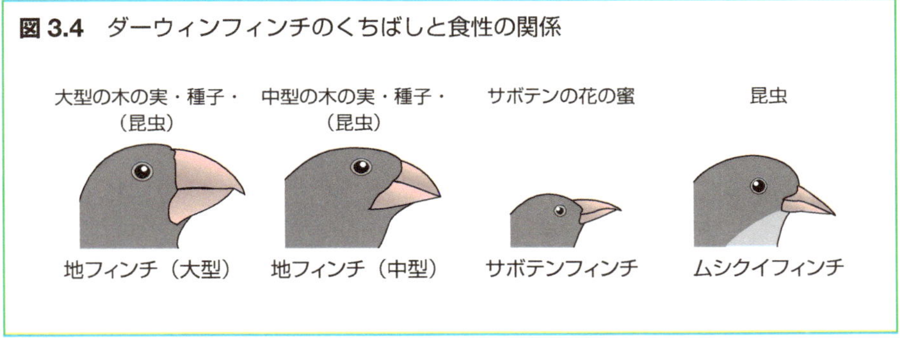

イフィンチのくちばしはほっそりとしています。

ダーウィンは、これらのフィンチのくちばしの形とその食性との間の対応に気がつきました。そして、それがどのように形成されていったか思いを巡らすうちに、自説の進化理論にたどり着いたようです。

3.4 ダーウィン進化理論の弱み

ダーウィンは自分の進化理論の発表に周到な準備をしました。進化理論を支持する証拠をできるだけ多く集め、理論武装しています。下手を打つと、ラマルクと同じように自分の進化理論も社会に受け入れられず、そのまま黙殺されてしまうと思ったのかもしれませんね。

ただし、彼の進化理論には弱いところもありました。変異がどのように生み出され、それがどのように世代を超えて受け継がれるのか（遺伝がどういうしくみなのか）、わからなかったのです。ダーウィンの進化理論では、変異が生じ、それが遺伝することが肝になりますから、変異が生み出され、それが遺伝するしくみも説明しなければなりませんでした。もちろん、ヒトはヒトの子を産み、ゾウはゾウの子を産みますし、親と子は血縁関係のない個体同士に比べればどことなく似ているので、親から子に形質が引き継がれているは確かなはずです。しかし、そのしくみが全くわかりませんでした。

遺伝がまだ謎のベールに包まれていた当時では、ダーウィンはラマルクと同じく、獲得形質が遺伝するという考えを用いて説明するしかありませんでした。ダーウィンはここで大きな間違いをおかしてしまったのです。

3.5 ネオダーウィニズム

19世紀の進化理論に大きな貢献をした人としては、ラマルク、ダーウィンに並びワイスマンを挙げられるでしょう。彼は獲得形質の遺伝に関して、研究と考察を進めました。彼は1882年頃までは、獲得形質が遺伝することを信じていたものの、それ以降は徹底的にこれを否定しました。

生殖質の連続性の理論

私たちの体は多数の細胞からできています。私たちの体を構成する細胞は体細胞と呼ばれています。対して、繁殖をつかさどる細胞を生殖細胞と呼んでいます。ワイスマンは無脊椎動物の胚発生を観察し、将来生殖細胞になる細胞が、胚発生（受精卵が成体になるまでの過程のこと）の初期に体細胞から分離され、その後は体細胞と全く接触しないことを発見しました。この観察に基づき彼は、生殖質の連続性の理論を立てました（**図 3.5**）。生殖質とはワイスマンの造語で、受精卵の中にある遺伝に携わる物質のことを指し、現在でいう遺伝子に相当する概念です。ワイスマンの理論は、生殖質を引き継いだ細胞が生殖細胞となり、生殖細胞は胚発生のごく初期から体細胞から分離しているため、体細胞に起こった変化の何一つとして生殖細胞には伝わらない、というものです。これが正しいとすれば、体細胞で起こった変化である獲得形質は遺伝しないはずです。

現代では、生物での遺伝のしくみが分子レベルで解明され、遺伝情報の流れは一方向であると一般的に認められています。つまり遺伝情報は遺伝子から形質へ伝わっていきますが、逆の流れ、すなわち形質から遺伝子へは情報が伝わることはありません。この一方向的な遺伝情報の流れは、セントラルドグマと呼ばれています（**図 3.6**）。

したがって、セントラルドグマによれば、体細胞で起こったいかなる変化も遺伝子には反映されないことになり、これはワイスマンの生殖質の連続性の理論と完全に合致します。

図 3.5　ワイスマンの生殖質の連続性の理論

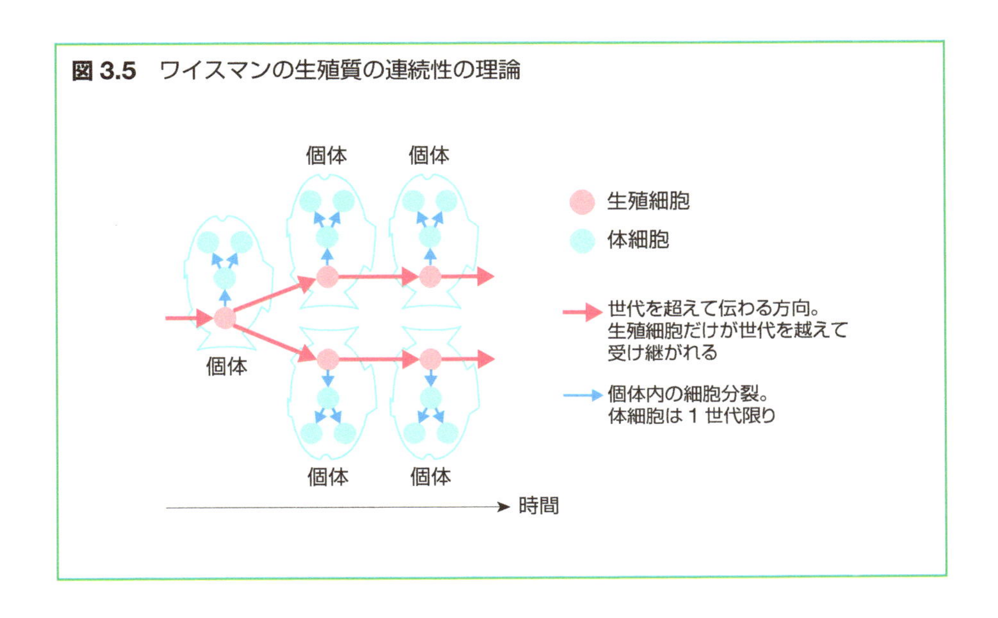

図 3.6　セントラルドグマ

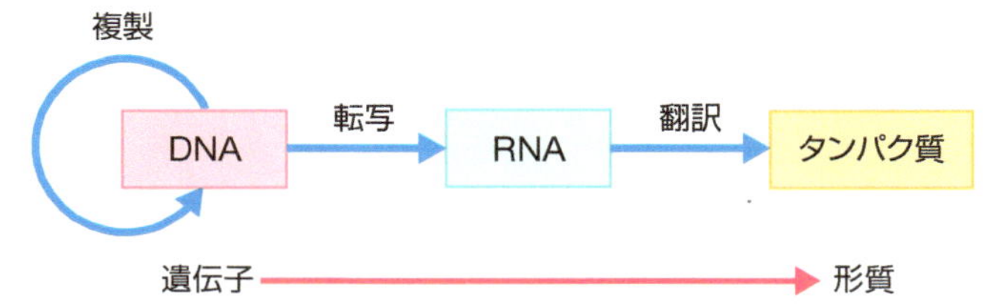

矢印は情報が流れる方向を示す。
情報の流れは DNA（遺伝子）からタンパク質（形質）への一方向である。
形質に起こった変化（タンパク質の変化）が遺伝子に伝わる流れはない。
DNA の遺伝情報は世代を超えて受け継がれる。
図中の「転写」や「翻訳」について、詳しくは第 5.2 節を参照。

用不用説への批判

ワイスマンは生殖質の連続性の理論とともに、獲得形質の遺伝と明らかに矛盾した例を持ち出して、用不用説を否定しました。

例えば、社会性アリの中に現れる働きアリや兵隊アリは、形態的な特別の適応を見せます。しかし、これらのアリは繁殖しないわけですから、用不用説に従えば、こうした適応形態が発生したとしても、それが次世代に引き継がれるはずがありません。

また、昆虫のキチン質の外骨格には多様な形態が見られます。しかし、この外骨格はマユの段階ですでに作られて、その後は決して変化することはありません。努力では変化しえない形質が多様な形態に進化する理由は、用不用説とは別の説明が必要です。

ワイスマンは、生まれたマウスの尻尾を 22 世代にわたって切り続けるという実験もしました。切られて短くなった尾も個体が獲得した形質ですから、ラマルクの進化理論によれば子に伝わるはずです。しかし皆さんが予想するとおり、マウスの尾の長さは世代が代わっても変わりませんでした。切られて短くなった尻尾は、その個体が努力して発達させた形質ではありませんから、この実験が獲得形質の遺伝の反証になっているのかは、議論が残るところでしょう。とはいえ、この結果は別の重要な意味ももっています。

個体が獲得した有利な形質が次世代に伝わるのならば、同様に個体に生じてしまった不利な形質も次世代に遺伝されなければならないはずです。偶然の事故などにより失った器官もその個体が獲得した形質なのですから、ラマルクの考えに従えば次世代に受け継がれなければなりません。しかしもし、これが本当に起これば、子の生存率が低くなります。有利な獲得形質だけが遺伝されるという考えは、いささか都合が良すぎるように見えますね。

自然選択を重視するネオダーウィニズム

さて、ラマルクの進化理論を完全に否定したワイスマンでしたが、ダーウィンの進化理論には好意的でした。もちろん、ダーウィンの進化理論に組み込まれたときだけ獲得形質の遺伝を認めるというえこひいきはできませんが、この部分を除けばダーウィンの進化理論は健全です。いえ、むしろ獲得形質の遺伝など考えなくても、自然選択さえあれば、進化は十分説明できるとワイスマンは考えました。ダーウィンの進化理論のうち、獲得形質の遺伝の部分のみを否定し、自然選択を特に重要視するワイスマンの考えは、ネオダーウィニズムと呼ばれました。

第4章 メンデルの遺伝の法則

ダーウィンは『種の起源』で、「遺伝しない変異は無意味である」と記しています。また、「変異をもたらす法則は種類が多そうだが、その実態は全くわかっていない」ともぼやいています。進化のしくみの話をさらに進めていくためには、ダーウィンを悩ませた遺伝について説明する必要があります。ダーウィンが知りたかった遺伝を支配する基本法則が明らかになるのは、彼が『種の起源』を出版した6年後、オーストリアのメンデル（Mendel, G. J.）が「雑種植物の実験」という論文を書き上げるのを待たなければなりませんでした。

4.1 メンデルの交配実験

メンデルは遺伝の基本法則を明らかにするために交配実験を繰り返しました。メンデルは用意周到に実験を進め、実験に用いる植物にもこだわりました。彼は実験材料にふさわしい植物の条件として、

① 不変の対立形質（形質に2通りの型がある場合、ある個体にはどちらか一方しか現れない形質。第4.4節で詳しく説明します）をもっていること

② 交配を操作できること

③ 自殖しても稔性に問題が生じないこと

の3点を挙げ、このすべてを満たすエンドウマメを用いて実験を行いました（**図4.1**）。

メンデルはさまざまな交配実験を行ったのですが、その一つを紹介しましょう（**図4.2**）。彼はエンドウマメの種子の色に注目しました。エンドウ

図 4.1　メンデルのエンドウマメを使った交配実験

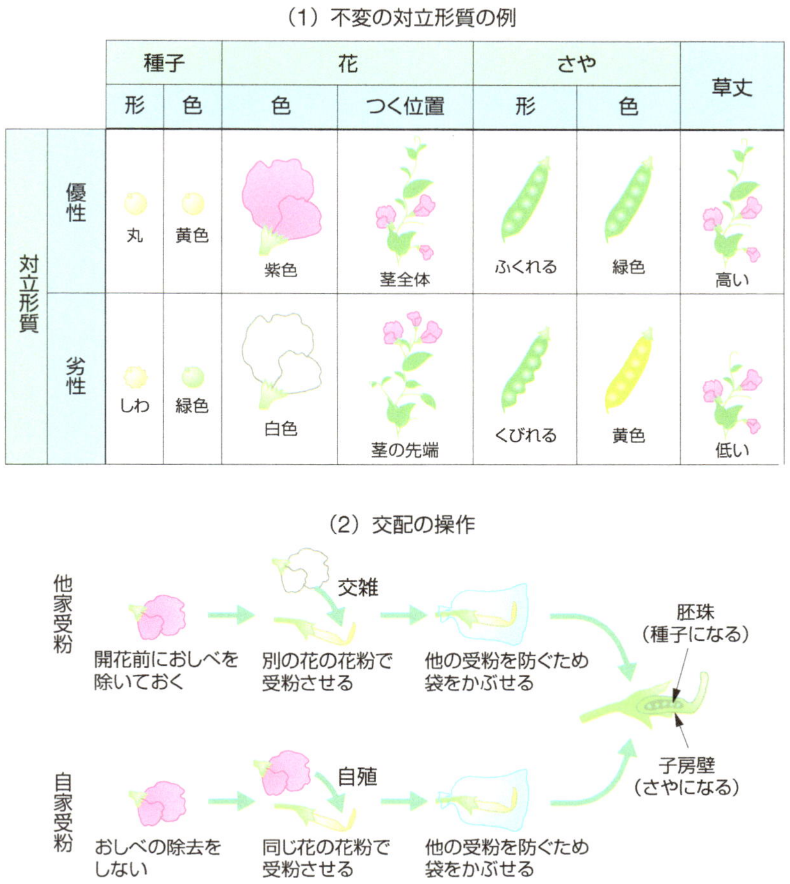

（1）不変の対立形質の例

		種子		花		さや		草丈
		形	色	色	つく位置	形	色	
対立形質	優性	丸	黄色	紫色	茎全体	ふくれる	緑色	高い
	劣性	しわ	緑色	白色	茎の先端	くびれる	黄色	低い

（2）交配の操作

他家受粉
開花前におしべを除いておく
交雑
別の花の花粉で受粉させる
他の受粉を防ぐため袋をかぶせる
胚珠
（種子になる）
子房壁
（さやになる）
自家受粉
おしべの除去をしない
自殖
同じ花の花粉で受粉させる
他の受粉を防ぐため袋をかぶせる

マメの種子には緑色のものと黄色のものがあります。エンドウマメは無胚乳種子なので、種子の色は種子のほとんどを占めている子葉の色に等しくなります。まずメンデルは、緑の種子と黄色の種子それぞれに対して、自家受粉（ある花のめしべに、その花の花粉を付けて種子を作ること）を繰り返しても、親と同じ色の種子しか作らない系統（これを純系といいます）を作りました。次に、緑の種子の純系の個体と黄色の種子の純系の個体を

図 4.2　メンデルのエンドウマメを使った交配実験の結果

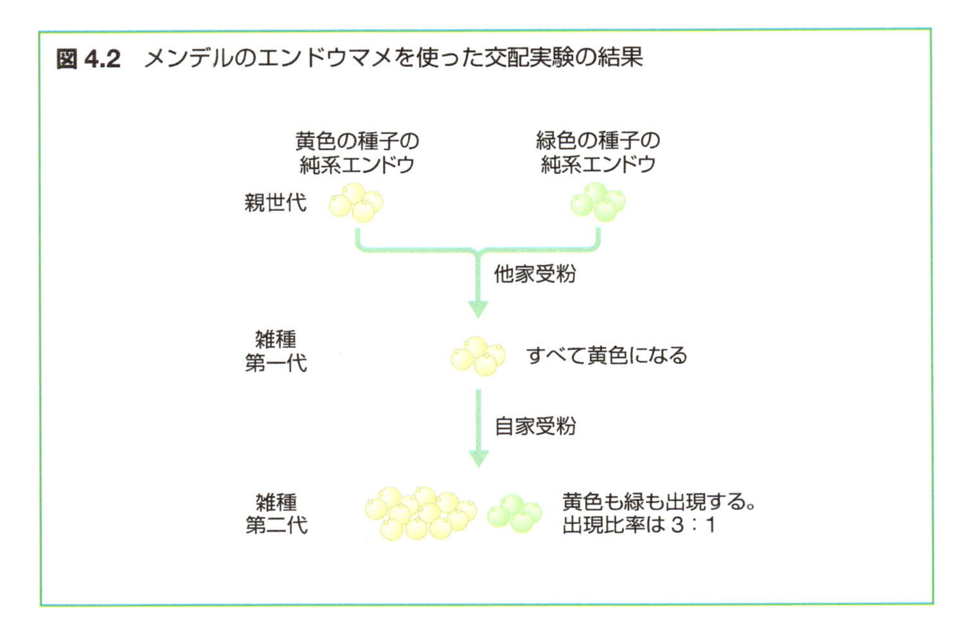

交配（他家受粉）し、種子を作りました。すると、こうしてできた種子（これを雑種第一代と呼びます）はすべて黄色になったのです。

交配実験はさらに続きます。彼は雑種第一代を栽培し、花を咲かせ、今度は自家受粉させました。すると、黄色い種子とともに、緑の種子もできたのです（この世代を雑種第二代と呼びます）。これは、黄色い種子をもつ親から緑の種子ができたことを示していますし、おじいちゃん・おばあちゃんの形質が孫に現れたと理解することもできます。このときメンデルは、黄色の種子と緑の種子の数の比がほぼ3：1になることも発見しています。

さらに彼の交配実験は続きました。雑種第二代の種子をまき、育て、花を咲かせ、自家受粉させたのです。すると、緑の種子から生じた個体は、緑の種子しか作れませんでした。一方、黄色の種子から生じた個体は、多少複雑で、3分の1の個体は黄色の種子しか作りませんでしたが、残りの個体は黄色と緑の両方の種子を作り、その比率はやはり3：1だったのです。

彼はこれらの結果から遺伝の法則を思いつきました。皆さんは、この実験結果をすべて説明できる遺伝の法則を思いつきますか？

4.2 メンデルのアイデア

メンデルは遺伝の法則の発見者としてその名を知られていますが、彼の成功は用意周到に行われた交配実験の結果だけからもたらされたわけではありません。むしろ、この結果を説明する遺伝の法則を思いついたことのほうが価値は高いのです。すなわち、種子の色が黄色になるのか緑になるのかは、一対の因子（今でいう遺伝子）により支配されていて、一方の因子はオス親（花粉）に、他方の因子はメス親（胚）に由来するという考えです。そして、この因子の組み合わせで、種子の色が決まるとメンデルは考えました（**図 4.3**）。

もう少し具体的に彼のアイデアに迫ってみましょう。種子を黄色にする

図 4.3 メンデルのアイデア

アイデア（1）

対立形質は一対の因子で決まる
（例；種子を黄色にする因子をＡ　緑色にする因子をａとする）

アイデア（2）

対立形質は因子の組み合わせで決まる
（例；AA、Aa の組み合わせは種子を黄色にする、
aa の組み合わせは緑色にする）

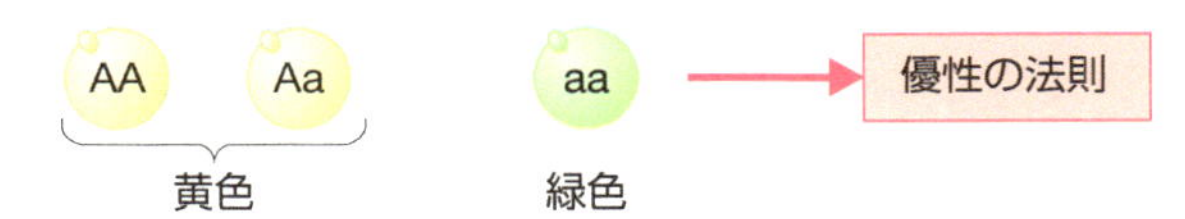

アイデア（3）

因子は配偶子（花粉や胚）に一つずつ均等に分けられる

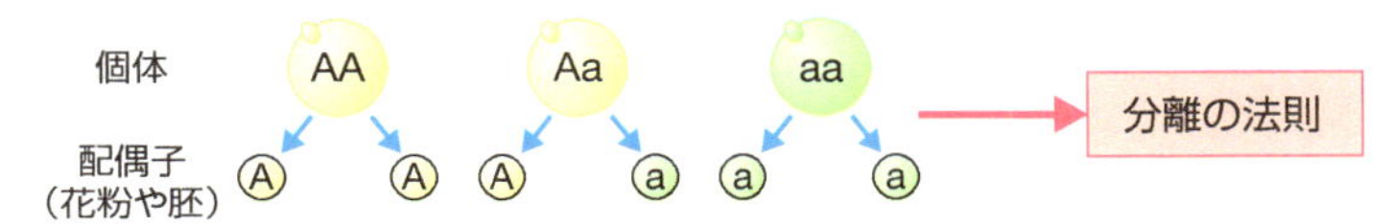

アイデア（4）

ある対立遺伝子と他の対立遺伝子は、
それぞれ独立に配偶子に分配される

独立の法則

因子をA、緑にする因子をaとしましょう。そうすると、種子は片親から一つずつ因子をもらって一対の因子をもつのですから、種子がもつことができる因子の組み合わせは3通りしかありません。AAとAaとaaです。AAの組み合わせをもつ場合は、黄色の因子しかもっていないので、黄色の種子を作ることでしょう。同様にaaの組み合わせの場合も、緑になることが予想されます。ではAaの場合はどうなるのでしょう。メンデルはこの場合、ランダムにどちらかの形質が顕(あら)われるのではなく、必ず黄色の形質が顕われると考えました。そして、この組み合わせ(Aa)の場合に顕われる形質(黄色の種子)を優性(顕性ともいう)、因子があるにもかかわらず顕われない形質(緑色の種子)を劣性(潜性ともいう)と呼ぶことにしました。

メンデルはもう一つ仮定を置きました。植物体内には遺伝をつかさどる因子が対になって存在し、その組み合わせで形質が決まりますが、配偶子(花粉や胚)が作られるときに、体内にある一対の因子が再び分離して、配偶子に1個ずつ均等に分けられると考えたのです。因子は植物体内では対で存在し、その組み合わせで表現型を決め、配偶子形成時に分離・半減し、それが受粉により再び対に戻ると考えたのです。

4.3 メンデルのアイデアは実験結果を説明できるのか

以上の考えで交配実験の結果をすべて説明することができるか、確かめてみましょう(**図4.4**)。

まずメンデルの考えに従って、雑種第一代がどうなるか予想しましょう。黄色の純系個体がもつ因子はAAの組み合わせで、緑の純系個体はaaの組み合わせの因子をもっているはずです。純系個体が作る配偶子はどうなるでしょうか。黄色の純系個体が作る配偶子にはAしか含まれず、緑の純系個体が作る配偶子はaしか含まれようがありません。これらの配偶子が受粉してできる雑種第一代では、すべての種子が同じ因子の組み合わせ、すなわちAaをもつはずです。Aaの組み合わせで因子をもつ場合は黄色の種子となるので、雑種第一代はすべて黄色になると予想されます。この予想は、雑種第一代では黄色い種子しか出現しなかった実験結果と見事に一致

図 4.4　メンデルのアイデアと実験結果の整合性

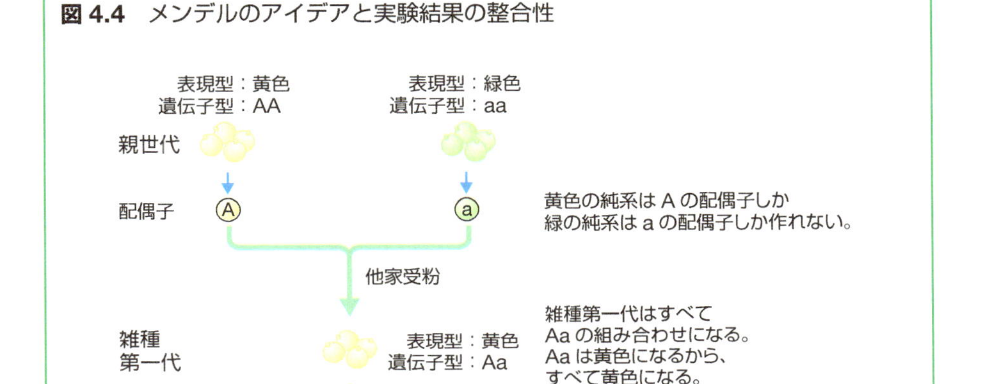

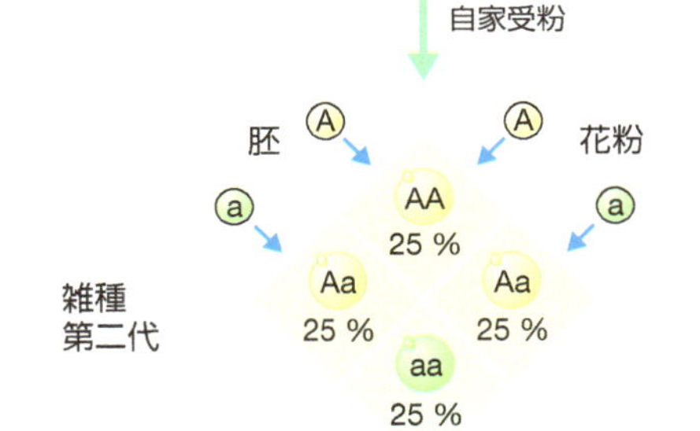

します。

次に雑種第二代の予想をしましょう。Aa の因子をもつ個体を自家受粉して雑種第二代を作るわけですから、雑種第二代には AA、Aa、aa という 3 通りの因子の組み合わせができるはずです。さらに、その出現割合は、1：2：1 となるはずです。このうち前者二つの組み合わせが黄色に、三つ目の組み合わせが緑になるのですから、黄色い種子と緑の種子の比は 3：1 になるはずです。この予想もやはり実験結果と一致します。

多少複雑になりますが、雑種第三代の実験結果もメンデルの法則で説明できることを、読者の皆さんが、ご自分で確認してみてください。

4.4 メンデルの遺伝の法則をなす三つの法則

こうした実験を通してメンデルの遺伝の法則が構築されました。上で考えた黄色の種子と緑の種子のような、どちらか一方しか顕われないような形質を対立形質と呼び、その遺伝をつかさどる因子（遺伝子）を対立遺伝子と呼んでいます。そして、対立形質において優性と劣性の形質があるというメンデルの仮定は、優性の法則と呼ばれています（**図 4.3**）。なお、優性形質をつかさどる因子（優性遺伝子）は、慣例的にアルファベットの大文字で、劣性形質の因子（劣性遺伝子）はアルファベットの小文字で表すことになっています。そして個体のもつ因子の組み合わせを遺伝子型、この組み合わせにより顕われる個体の形質を表現型と呼んでいます。

メンデルの遺伝の法則には、優性の法則以外に、分離の法則と独立の法則があります（**図 4.3**）。分離の法則とは、配偶子形成のときに因子が均等に分離する、という決まりのことです。先ほどの例では、因子は体の中では対で含まれていて、配偶子（花粉や胚）が作られるときに分離して、配偶子に一つずつ分けられると仮定していました。この仮定が分離の法則に当たります。

メンデルは、緑の種子と黄色い種子のような対立遺伝子の交配実験を、種子の形や花の色といった異なる 7 種類の対立形質について行いました（**図 4.1**）。すると、そのすべての実験結果が種子の色の場合と同様になりました。どうやら、実験に用いたエンドウマメでは、優性の法則と分離の法則にはいずれの対立形質にも当てはまり、一般性がありそうです。

さらにメンデルは複数の対立遺伝子の間の関係も考察しました。彼の実験結果は、対立遺伝子が相互に影響を及ぼしていると考えるよりも、それぞれが別々にふるまっていると考えたほうがうまく説明できました。異なる対立遺伝子が独立にふるまうという考えは、独立の法則といわれています。

メンデルの遺伝の法則、すなわち分離の法則、優性の法則、独立の法則は単純明快です。メンデル遺伝は大学入学試験における頻出分野ですが、受験生から「メンデルの遺伝は楽勝だ」という声をよく聞きます。私も同感です。メンデル遺伝に関する問題は基本的に、遺伝の法則さえ覚えてしまえば、計算は多少煩雑になることがありますが、必ず答えを求められるからです。ダーウィンが手に負えないほど複雑だと感じていた現象は、ふたを開けてみれば意外に単純な法則に支配されていたのです。ダーウィンの進化理論が意外に単純だったのとよく似ていますね。

メンデルによりそのしくみが解明された今では、遺伝を理解することは難しいことではありません。しかし、メンデルが行ったように、複雑に見える現象に対峙し、それを支配している法則を見つけ出すのは簡単ではないこともよく理解しておいてください。科学者に求められているのは、メンデルが行ったように、複雑に見える現象を支配している（たぶん単純であろう）根本原理を見つけ、未知の世界を切り開いていくことなのでしょう。

4.5 メンデルの遺伝の法則に汎用性はあるか

メンデルのエンドウマメを使った実験により見いだされた遺伝の法則は、他の植物や動物にも当てはまるでしょうか（メンデル自身は発表当時から、遺伝の法則がエンドウマメ以外にも通用することを疑っていませんでした）。皆さんは、法則の一般性を確認するための研究が、当然すぐに始まっただろう、と思われるかもしれません。しかしメンデルの法則の大発見は、その当時は全くといってよいほど相手にされませんでした。今でこそ、メンデルの遺伝の法則は大学受験でさえ問われる常識ですが、その当時の人々には、メンデルの論文が遺伝の基礎を説明していることを見通せなかったのかもしれません。

20 世紀に入るとようやく、オランダの植物学者ドフリース（de Vries, H.）がマツヨイグサの仲間を用い、ドイツの植物学者コレンス（Correns, C.）がトウモロコシとエンドウマメを主に用い、オーストリアの遺伝学者チェルマク（Tshermak, E.）がエンドウマメを用いて、メンデルの法則を再発見します。これによりメンデルの遺伝の法則が再評価されました。同時に、この再発見はメンデルの遺伝の法則がエンドウマメ以外にも成り立つ、高い汎用性をもつ法則であることも示しています。さらに同じ時期、アメリカの生物学者サットン（Sutton, W. S.）が、メンデルの主張した因子が染色体にあるという染色体説を提唱し、メンデルの遺伝の法則がほぼ間違いないと認められました（染色体については、次章で詳しく説明します）。発見から40年を経て、やっとその重要性が認められることになったメンデルの遺伝の法則は、進化がどのような方向に進むかを理論的に考える上で、なくてはならない知的基盤の一つです。

第5章 遺伝子の正体、DNA

メンデルが仮定した遺伝をつかさどる物質である因子は、今では遺伝子と呼ばれ、それがDNAと呼ばれる化学物質であることさえわかっています。ここでは、DNAという物質の構造や、DNAがタンパク質の設計図として働くプロセスを説明します。また、DNAが作る染色体という構造に注目して、遺伝のしくみを解説します。

5.1 DNAとは何か

有名なDNAは「デオキシリボ核酸」の略で、核酸と呼ばれる化学物質の一つです。核酸は細胞核の中にある酸性物質という意味合いで、発見したスイスのミーシェル（Miescher, J. F.）によって名づけられました。核酸にはDNAの他にRNAがあります。RNAについては、のちほど説明します。

細胞の核にあるDNAは、2本の相補的なポリマー鎖がたがいに右巻きに巻きついた二重らせん構造をしています（**図5.1**）。それぞれの鎖はヌクレオチドがいくつも結合したもので、ポリヌクレオチドと呼ばれています。ヒトのDNAの場合は30億以上のポリヌクレオチドの連なりがあります。

DNAを作るヌクレオチドはすべてデオキシリボース（糖）、リン酸基、そして塩基からできています。塩基にはアデニン、グアニン、シトシン、チミンの4種類があり、それらに対応した4種のヌクレオチドができます。塩基はその頭文字をとって、A（アデニン）、G（グアニン）、C（シトシン）、T（チミン）と呼ばれています。ヌクレオチドは隣のヌクレオチドと糖とリン酸基を介して結合し、ポリヌクレオチドを作ります。

図 5.1　DNA の模式図

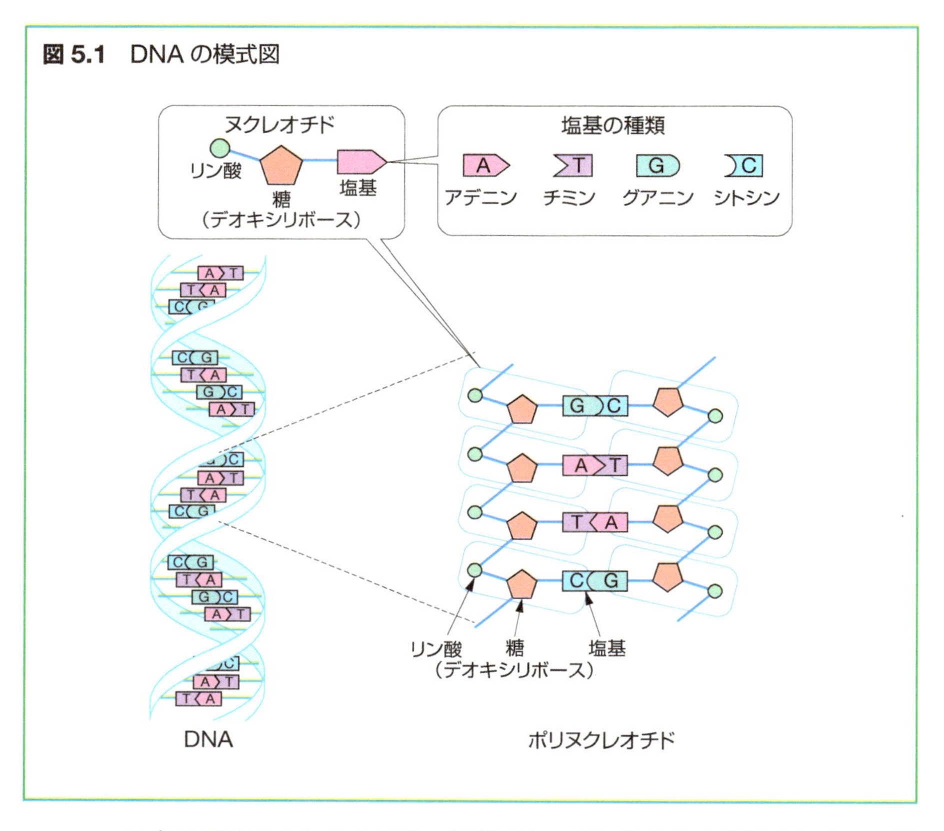

2 本のポリヌクレオチドは、塩基同士の間に生じる水素結合によって結びつき、塩基の対をなします。このとき、物理化学的な制約から、アデニンはチミンと、シトシンはグアニンとしか対を作ることができません。この塩基対形成のルールは厳格なので、2 本のポリヌクレオチドのうち片方の塩基配列が決まれば、残りの塩基配列も自動的に決まってしまいます。これを塩基配列の相補的な関係といいます。塩基対を作る相手について制約はありますが、1 本のポリヌクレオチドを作るヌクレオチドの塩基の順序に物理化学的な制約はありません。したがって、多様な塩基配列のポリヌクレオチドを作ることができます。

DNA 分子は、A、T、C、G の 4 文字のアルファベットから成る、非常に長い文章とみなせるのです。

5.2 タンパク質の合成

DNAのポリヌクレオチドの塩基配列がタンパク質の設計図として働くことで、遺伝子として機能しています。タンパク質は、20種類のアミノ酸が多数つながった巨大な分子です。つまり、DNAはタンパク質を構成するアミノ酸の配列を決めています。では、DNAはどのようにしてタンパク質のアミノ酸の配列を決めているのでしょうか。

DNA、RNA、タンパク質

じつは、DNAが直接アミノ酸配列を決定しているわけではありません。DNAの塩基配列の情報をタンパク質のアミノ酸配列の情報に変換する、DNAとは別の分子が存在するのです。それが第二の核酸、RNAです。

RNAの構造はDNAとよく似ています。違いは二つだけで、一つはRNAの糖がリボースであること、もう一つはRNAにはチミンが無く、チミンによく似たウラシルを含むことです。とはいえ、この程度の違いならば、DNAを鋳型としてRNAを合成する上で、差し支えありません。

RNAには、伝令RNA（mRNAとも呼ばれる）、運搬RNA（tRNAとも呼ばれる）、リボゾームRNA（rRNAとも呼ばれる）の3種類があることが知られています（**図5.2**）。伝令RNAは細胞内の全RNAのうちほんの数％しか占めていませんが、重要な役割を果たしています。伝令RNAは核内のDNAの塩基配列を鋳型として作られ、DNAの遺伝情報を細胞質（細胞のうち核以外の部分を指します）まで運んでいるのです。DNAの遺伝情報が伝令RNAに写されることを転写といいます。転写はRNAポリメラーゼと呼ばれる酵素により進められます。

細胞の全RNAの約10％を占める運搬RNAは、アミノ酸の運搬にかかわります。伝令RNAの塩基配列がアミノ酸配列の鋳型となり、その鋳型にあったアミノ酸を運搬する役割を運搬RNAが担っています。細胞のRNA内の85％を占めるリボゾームRNAは、リボゾームと呼ばれる細胞小器官に局在し、伝令RNAとその塩基配列にあった運搬RNAとを結び合わせる役割を果たしています。この過程からリボゾームはタンパク質を合成する工場にたとえられるかもしれません。この過程は翻訳と呼ばれています。

図 5.2 タンパク質合成過程の模式図

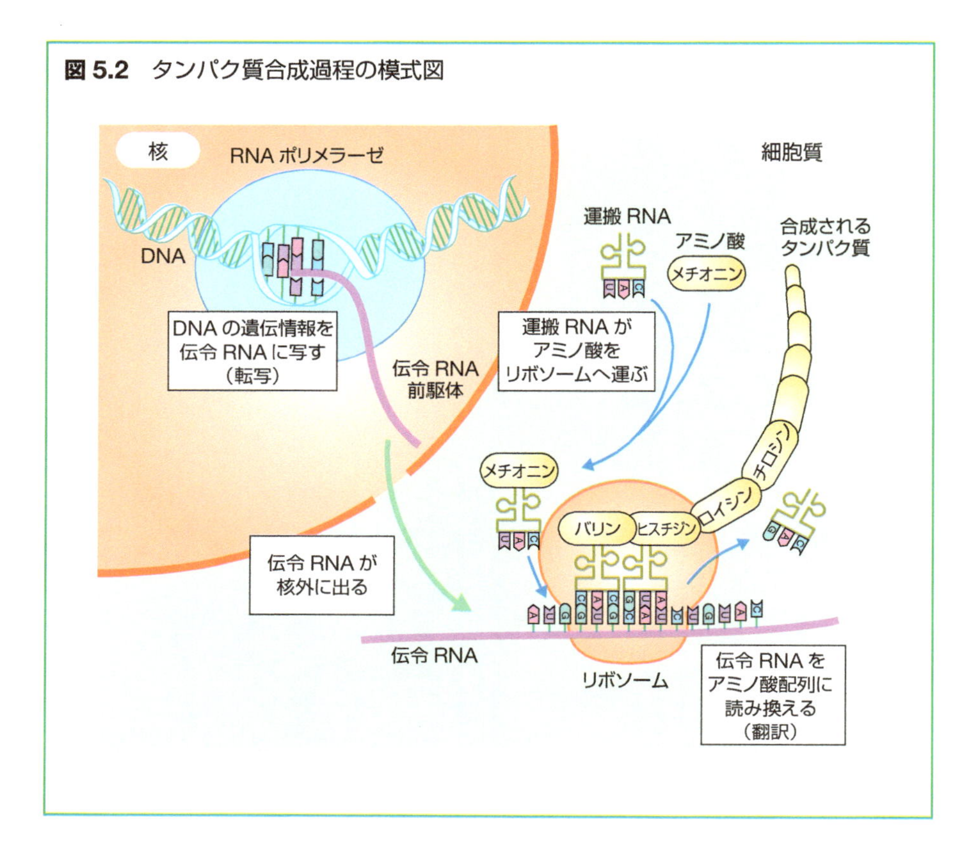

コドンと遺伝暗号表

DNA を鋳型にしてタンパク質のアミノ酸配列が決定されるおおよその流れはおわかりいただけたと思います。では、DNA の塩基配列とタンパク質のアミノ酸配列との間には、どういった対応があるのでしょうか。

アミノ酸は 20 種類あり、DNA の塩基は 4 種類しかないので、塩基 1 個がアミノ酸 1 個に対応していては、数が合いません。実際には、連続した 3 個の塩基が一組になり（この 3 個の塩基の組をコドンといいます）、一つのアミノ酸に対応しています。さらに、どのコドンがどのアミノ酸に対応しているかは、**表 5.1** のように完全にわかっています（コドン表は伝令 RNA と対応させることが多いので、本書も伝令 RNA のコドン表を示します）。

表 5.1 伝令 RNA のコドン表

第1文字	第2文字 U	第2文字 C	第2文字 A	第2文字 G	第3文字
U	UUU UUC } フェニルアラニン UUA UUG } ロイシン	UCU UCC UCA UCG } セリン	UAU UAC } チロシン UAA （終止） UAG （終止）	UGU UGC } システイン UGA 終止 UGG トリプトファン	U C A G
C	CUU CUC CUA CUG } ロイシン	CCU CCC CCA CCG } プロリン	CAU CAC } ヒスチジン CAA CAG } グルタミン	CGU CGC CGA CGG } アルギニン	U C A G
A	AUU AUC AUA } イソロイシン AUG メチオニン（開始）	ACU ACC ACA ACG } トレニオン	AAU AAC } アスパラギン AAA AAG } リジン	AGU AGC AGA AGG } セリン	U C A G
G	GUU GUC GUA GUG } バリン	GCU GCC GCA GCG } アラニン	GAU GAC } アスパラギン酸 GAA GAG } グルタミン酸	GGU GGC GGA GGG } グリシン	U C A G

表にした、可能な 64 通り（$= 4^3$）のコドンの組み合わせのうち、61 通りがアミノ酸と対応しており、残りの三つがタンパク質合成の終了を意味しています。後者のコドンは終止コドンと呼ばれています。アミノ酸をコードする 61 種類のコドンに対して、アミノ酸は 20 種類しかないわけですから、同じアミノ酸に複数のコドンが対応することになります。例えば、コドンの最初の二つの塩基が CC ならば、最後の塩基が何であろうがプリンというアミノ酸になります。一方で、トリプトファンと UGG というコドンの間のように、アミノ酸とコドンが一対一に対応していることもあります。

5.3 染色体

すべての生き物の体は細胞でできています。例えば、私たちヒトの体は約 60 兆個の細胞から成り立っています。それぞれの細胞には核と呼ばれ

図 5.3　分裂中期染色体の模式図

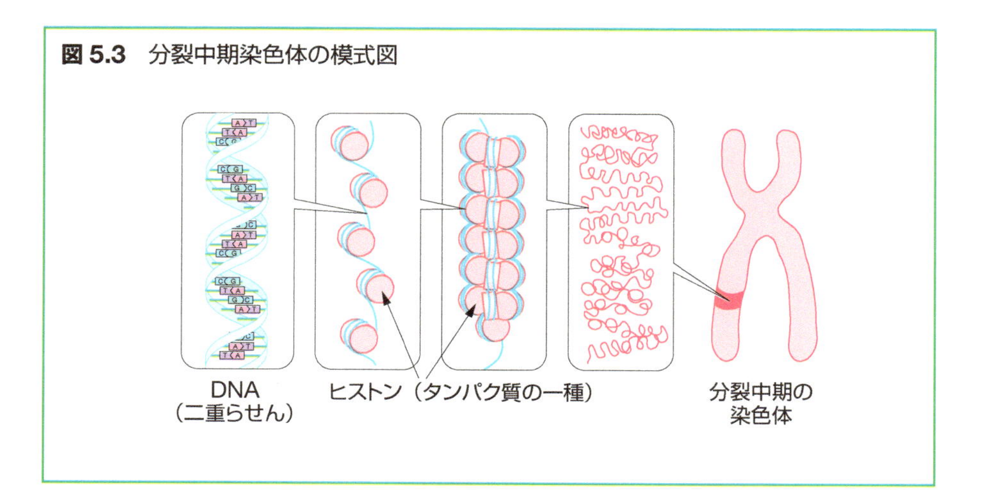

る細胞小器官があり、先述のとおり、核には遺伝子であるDNAが入っています。DNAは非常に長い分子で、細胞一つ当たりのDNAを1本に伸ばすと、ヒトの場合、なんと2 mにもなります。それが図のように幾重にも圧縮されて核の中に入っているのです。このDNAが圧縮された構造物を染色体と呼んでいます（**図 5.3**）。

染色体の存在は、それがどのような機能をもつかわからないうちから、知られていました。酢酸オルセインなどの色素によく染まるからです。そこで、「よく染まるんだから染色体と呼ぼう」という少し乱暴な発想で名前がつけられました。

ゲノムという考え

細胞の核には、その生き物の種ごとに決まった数だけ染色体が入っています。例えば、ヒトであれば46本、ゴリラやチンパンジーでは48本といった具合です。

核内の染色体をよく見ると、同じ大きさ、同じ形のものが2本ずつ存在し、対をなしています。ヒトには46本の染色体があると言いましたが、それは23本の染色体の組が対をなして構成しています。これはヒトのみに当てはまることではありません。どんな生き物の細胞の核にも、全く同じ大きさ、同じ形の染色体が対をなして入っているのです。このため、染色体の数はどの種でも必ず偶数になります。また、対をなす染色体同士を相

図 5.4　ヒトの染色体

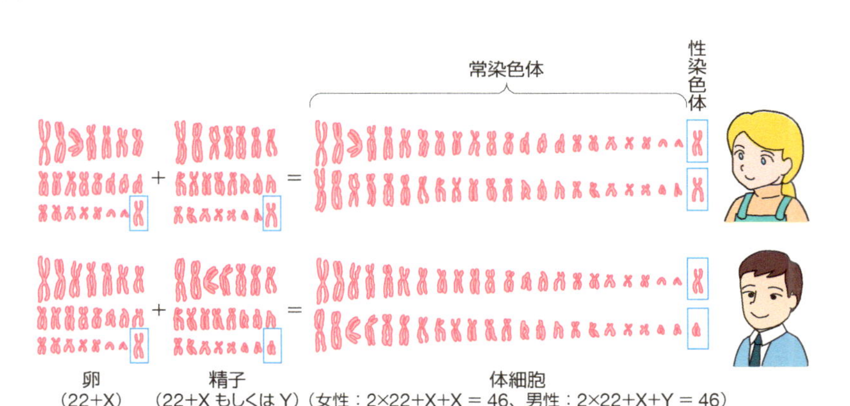

配偶子が持つ 23 本の染色体はゲノムと呼ばれる。
体細胞にはゲノムが対であるため、形と大きさがほぼ同じ染色体（相同染色体と呼ばれる）が 2 本ずつあり、染色体数は 46 本となる。ゲノムを対でもつ生き物は 2 倍体と呼ばれる。
体細胞の染色体のうち 22 対は常染色体と呼ばれ、残りの 1 対は性決定に関与する性染色体と呼ばれる。

同染色体といいます（**図 5.4**）。

対をなす染色体の組のうち、一方は父親の配偶子（精子）に由来し、もう一方は母親の配偶子（卵）に由来します。この一組の染色体が遺伝情報の基本的な単位になっていて、その全体をゲノムと呼びます。ヒトゲノムである 23 本の染色体は、約 30 億塩基対のヌクレオチドから成ることがわかっています。途方もない情報量ですね。ゲノムを対でもつ生き物は、2 倍体と呼ばれています。

体細胞分裂と染色体

細胞は細胞分裂によって数を増やします。一つの細胞が二つに、そのそれぞれがまた二つに分裂するといった具合です。このとき、染色体はどのような挙動を示すのでしょうか。

あたかも染色体はいつでも観察できるかのように書いてきましたが、じつは見ることができる機会は限られています。というのも染色体は、普段は核内に拡散しているからです。この拡散して、光学顕微鏡で見えない状態の染色体をクロマチンと呼んでいます。

しかし、細胞分裂が始まると、拡散していた染色体が凝縮を始め、光学顕微鏡で見えるくらいの大きさになります。体細胞の分裂過程を見ると、遺伝子を乗せている染色体の動きを観察することができます（**図 5.5**）。細胞分裂に先立ち、染色体（DNA の量）は一時的に 2 倍になります（これを倍化といいます）。そして、倍化した染色体が細胞分裂に伴い均等に、新しくできる娘細胞に分配されます。その結果、娘細胞はそれぞれ、母細胞がもともともっていたのと同じ数の染色体をもつことができます。

減数分裂と染色体

以上は体細胞分裂の話でした。配偶子を作る細胞分裂は、体細胞分裂とはかなり様子が異なります（**図 5.5**）。配偶子を作る細胞分裂でも、それに

図 5.5　体細胞分裂と減数分裂

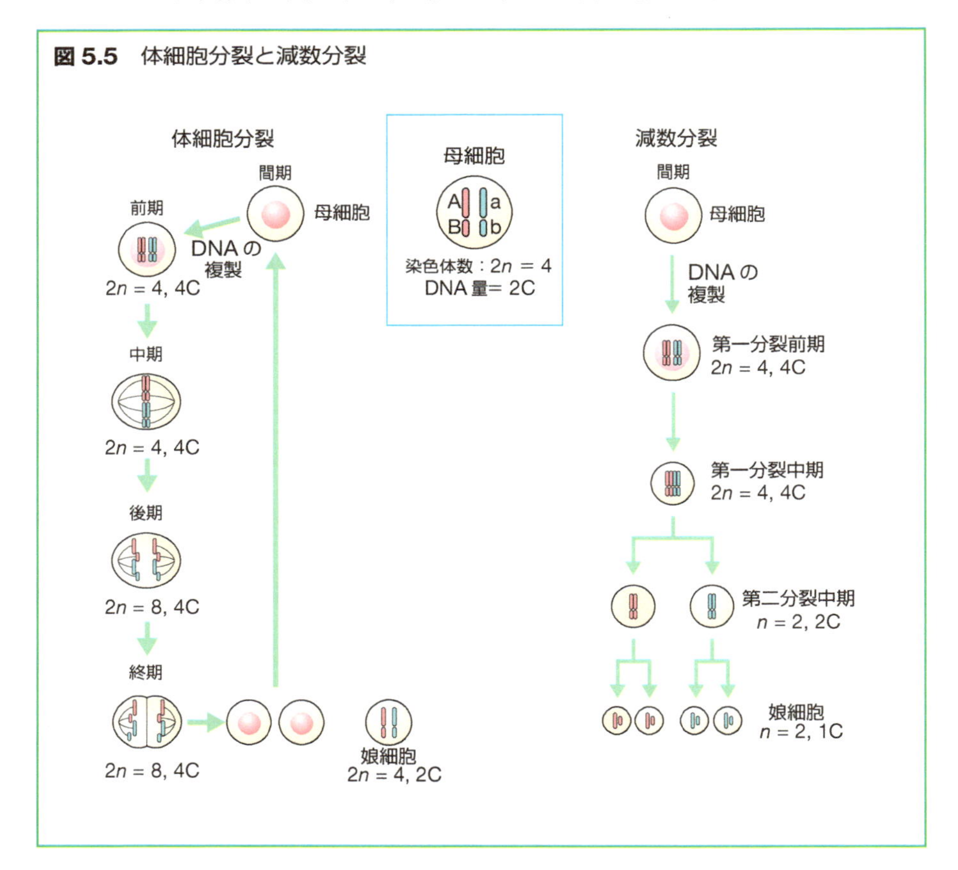

先立ち染色体（DNAの量）の倍化が起こります。しかし、それに引き続いて細胞分裂が2回連続して起こります。一度の倍化に対して、二度の分裂（半減）が起こるので、各配偶子に伝わる染色体の数はもともと（母細胞）の半分だけです。この分裂では、母細胞の染色体数に比べて娘細胞（配偶子）の染色体数が半減しているので、減数分裂と呼ばれています。ゲノムの一組の相同染色体の数を n とおけば、体細胞の染色体数は $2n$、配偶子の染色体数は n と表すことができます。前者は2倍体、後者は半数体と呼ばれています。

減数分裂で起こる2回の細胞分裂のうち、最初の細胞分裂の途中で相同染色体同士が対になって結合します。これを対合（たいごう）と呼んでいます（対合は第6.2節にも再登場しますから、覚えておいてください）。じつはこのとき、しばしば驚くべきことが起こります。対合した相同染色体が切断され、断片が相同染色体の間で交換され、再結合することがあるのです。

今では、DNAが遺伝物質であり、それが染色体上にあることははっきりしていますが、この発見のカギを握っていたのが減数分裂でした。まだ遺伝子がどんな物質なのかも、それがどこにあるのかさえもわかっていなかった時代、サットンは減数分裂の過程を観察していました。そして、配偶子には母細胞の半分の数しか分配されないという染色体の振る舞いを見いだし、メンデルが予想した遺伝をつかさどる因子と一致することに気がついたのです。

そこでサットンは、「遺伝子が染色体にあるはずだ」という染色体説を唱えました。彼は減数分裂の詳しい観察をさらに続け、相同染色体の一組が父親に由来し、残りの一組が母親に由来することを確かめ、染色体説を強力に裏づけました。幸いなことに、染色体の構造は比較的単純です。そこで、みんなで寄ってたかって詳しく調べれば、そこにある遺伝子を見つけられるはずだと考えられました。こうして（じつはその後も発見まで紆余曲折はありましたが）、遺伝子の正体がDNAであることが明らかにされていったのです。

第6章 突然変異

6.1 突然変異の発見

夏に黄色い花を咲かせるアカバナ科のマツヨイグサを10年以上観察し続けたドフリースは、多くの重要な発見をしました。ドフリースは先述のメンデルの遺伝の法則を再発見したことでも知られていますが、ここで注目したいのは突然変異の発見です。

ドフリースの突然変異説

ドフリースはオオマツヨイグサを栽培し続けるうちに、親の形質とは明らかに異なる形質をもつ娘個体がごくまれに生じることを見つけました。さらに、こうして生じた変異の中には、次世代に引き継がれるものがあることにも気づきました。彼は、親の形質とは明らかに異なる、遺伝する形質を突然変異と呼びました。例えば、ドフリースが見つけた突然変異には、葉の長いナガバノマツヨイグサ、葉の広いヒロハマツヨイグサ、葉に赤い筋が入ったアカスジマツヨイグサ、植物体の大きいオニマツヨイグサなどがあります（**図6.1**）。

この発見から彼は、突然変異により新しい形質が生じることで進化が起こる、という新しい進化のしくみを考え、提案しました。つまりドフリースは、突然変異により一世代で新しい種が作られると考えたのです。彼のこの考えは突然変異説と呼ばれ、ダーウィンの進化理論に変わる、新しい進化のしくみと認識されました。この説では、1回の突然変異により新種が生み出されるので、何世代もかけた自然選択により少しずつ新しい種が形成されていくという、ダーウィンの進化理論の重要性が下落する結果と

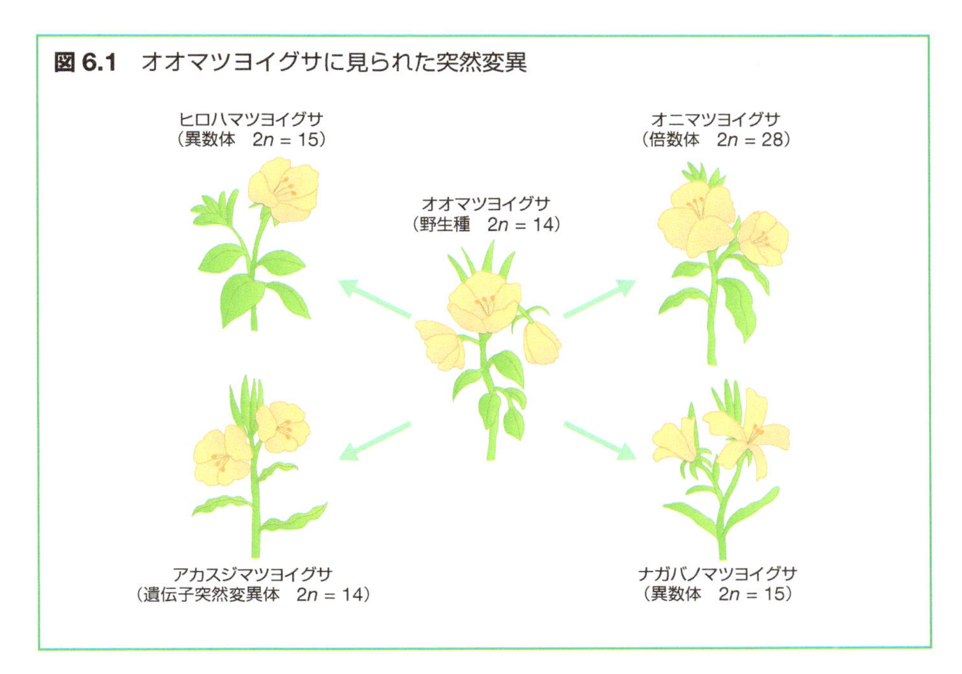

図 6.1　オオマツヨイグサに見られた突然変異

なりました。

ドフリースは自然選択の考えを取り入れていましたが、それは、ダーウィンの考えた生存・繁殖に有利な変異をもつ個体の選択という意味ではありませんでした。突然変異により新しい種（彼はこれを elementary species と呼びました）が出現し、それが親種を含む他種との競争を介して、より環境に適したほうが生き残り、進化が進むと考えたのです。こう考えることで、ダーウィンフィンチに見られるような生育環境と生き物の形質との間の対応関係を説明しようとしました。

この説が紹介された当時、多くの生物学者が突然変異説こそ、真の進化理論だと受け入れました。しかし、すぐに突然変異説には致命的な問題が見つかってしまいます。というのも、見つかる突然変異のほとんどが、生存や繁殖に不利なものばかりだったのです。これでは、突然変異により一世代で進化が進むのは到底無理です。突然変異による飛躍的な種形成という突然変異説は、今となっては主要な進化の推進力だとは考えられていません。

遺伝する変異が生じるメカニズム

ドフリースの突然変異説が唱えた一世代での大変化は、今は進化の主要な推進力とは考えられていません。しかし見方を変えれば、突然変異の発見により私たちは、新しい変異の創発メカニズムを手に入れたともいえます。ダーウィンによれば、進化においては遺伝する変異が重要です。しかし獲得形質の遺伝がワイスマンに否定されて以来、遺伝する変異が新しく生まれるプロセスを完全に失っていました。

しかし、突然変異と自然選択を組み合わせれば、進化を矛盾なく説明できるかもしれません。つまり、「突然変異により、わずかだが他より優れ、かつ遺伝する変異が生じ、それが自然選択により選抜される。この自然選択による小さな変異の積み重ねが、地質年代にわたって続くことで、やがては大きな変化が生み出される」という進化のストーリーです。じつはこれがイギリスの生物学者ドーキンス（Dawkins, R.）らによって提唱されている、「進化の総合説」と呼ばれる考えです。これについては第 8.1 節で詳しく紹介します。

6.2 突然変異のしくみ

第 5 章の説明で、DNA とそれが存在する染色体について理解してもらえたと思います。それを踏まえて、ドフリースが見つけた突然変異がどのようにして生み出されるのか説明します。突然変異には大きく二通りのしくみ、遺伝子突然変異と染色体突然変異が知られています。

遺伝子突然変異

遺伝子突然変異（点突然変異）とは、DNA の塩基配列の変化に起因する突然変異です（**図 6.2**）。遺伝子突然変異は、さらにいくつかに分類できます。

最も一般的な遺伝子突然変異は、DNA の 1 塩基対だけが他の塩基対に置き換えられる現象、すなわち塩基配列の「置換」です。コドン表（**表 5.1**）で確認したように、コドンの塩基配列が変わっても、同じアミノ酸

図 6.2　遺伝子突然変異（点突然変異）の例

もとの DNA 塩基配列	ATG TAC	GTG CAC	CAT GTA	CTG GAC	TAC ATG	AGT TCA	T A
伝令 RNA に転写される配列	AUG メチオニン	GUG バリン	CAU ヒスチジン	CUG ロイシン	UAC チロシン	AGU セリン	U
塩基置換（同義置換）	AUG メチオニン	GUU バリン	CAU ヒスチジン	CUG ロイシン	UAC チロシン	AGU セリン	U
塩基置換（アミノ酸の変化）	AUG メチオニン	AUG メチオニン	CAU ヒスチジン	CUG ロイシン	UAC チロシン	AGU セリン	U
塩基置換（終始コドン）	AUG メチオニン	GUG バリン	CAU ヒスチジン	CUG ロイシン	UAA 終止	AGU −	U
塩基挿入（フレームシフト）	AUG メチオニン	AGU ロリン	GCA アラニン	UCU セリン	GUA バリン	CAG グルタミン	UU
塩基欠損（フレームシフト）	AUG メチオニン	~~G~~ GUC バリン	AUC イソロイシン	UGU システイン	ACA トレオニン	GUU バリン	

赤字が遺伝子突然変異を起こした塩基。
赤で書かれたアミノ酸は遺伝子突然変異によって変化したものを示す。

を指定することがあります。例えばバリンを指定しているコドンの塩基配列、GUG の最後の G が U に置換されても、そのコドンが指定するアミノ酸はやはりバリンです。よって、この塩基置換はタンパク質の機能に全く影響を及ぼしません。このような置換は同義置換と呼ばれています。もちろん、塩基が置換されることで指定されるアミノ酸が変わることもありますが、それによってタンパク質の機能が深刻な影響を受けることもあれば、ほとんど影響されないこともあります（第 9.3 節）。塩基の置換が最も深刻な影響を及ぼすのは、アミノ酸を指定していたコドンが終止コドンに置き換わったり、終止コドンが何らかのアミノ酸を指定するコドンに置き換わったりする場合です。前者は本来より短いタンパク質が、後者は長いタンパク質が形成されてしまうので、タンパク質の機能に重大な影響を及ぼします。

一般的に置換よりひどい結果を生じさせるのが、1塩基対が付け加えられる挿入と、1塩基対が削られる欠失です。遺伝暗号は、3塩基対ごとが組になっていますから、これらの変異が起こると、それ以降の塩基の組み合わせがすべて変更されるフレームシフトが生じます。その結果、本来作られるべきものとは全く異なるタンパク質が作られてしまいます。ただし、連続する3塩基の挿入や欠失は、影響が1個のアミノ酸の挿入もしくは欠如だけに留まるので、タンパク質の機能へ影響は比較的小さくすみます。

ドフリースが観察した突然変異のうち、アカスジマツヨイグサは塩基置換で生じたことが知られています。

染色体突然変異

遺伝子ではなく染色体全体が変化する突然変異を染色体突然変異と呼んでいます（**図 6.3**）。染色体突然変異は、染色体の数が変化する数的変異と、構造が変化する構造変異に大別されます。一般に動物は染色体の変化に敏感で、こうした変異をもつ個体の生存率は低下します。一方、植物は染色体の変化に鈍感な場合が多く、多少の変化が起こったとしても、正常な2倍体の個体とあまり変わらずに（少なくともそう見える）生活をします。ですから染色体突然変異の例は、植物によく当てはまると考えて結構です。

数的変異

数的変異はさらに倍数体と異数体に分けられ、倍数体には同質倍数体と異質倍数体とがあります。のちに詳しく述べますが、異質倍数体は染色体の数的変異ではありますが、染色体突然変異には含まれません。少しややこしいですね。順番に説明していきます。

同質倍数体

同質倍数体とは、染色体数が基本の数の整数倍になる突然変異で、基本の数（n）の何倍かによって、3倍体（$3n$）や4倍体（$4n$）などと呼ばれます（**図 6.3**）。同質倍数体が作られるのは、異常な細胞分裂が起きた場合です。そのような異常な細胞分裂を以下に紹介します。

細胞分裂に先立ち、染色体は倍加されます。通常ならばこの後、細胞が

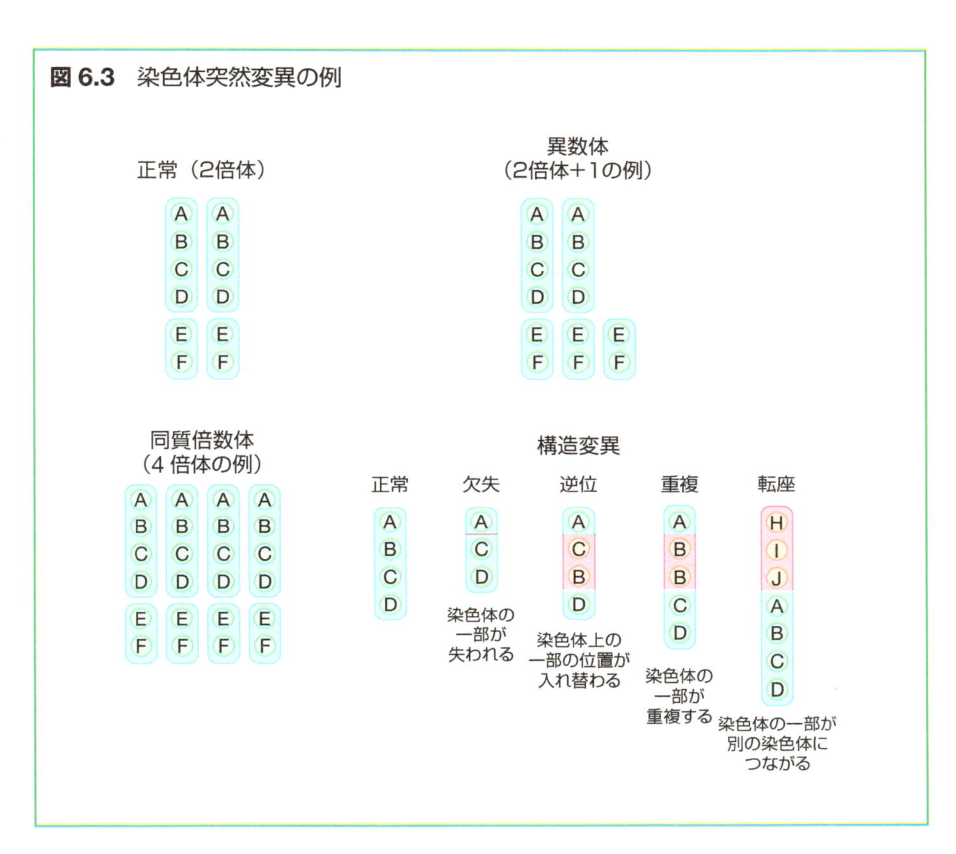

分裂して、倍加した染色体が均等に娘細胞に分けられますが、ごくたまに細胞分裂が起こらないことがあるのです。すると通常の染色体数の倍の数の染色体、つまり 4 倍体の細胞が形成されます（通常の体細胞は 2 倍体でしたね）。枝の芽や花芽に 4 倍体の細胞ができ、それが分裂し続けると、4 倍体の枝や花ができます。4 倍体の母細胞から減数分裂が起これば、胚や花粉は 2 倍体になります。そして 2 倍体の配偶子同士が受精すれば（最も簡単なのは自家受粉です）4 倍体の種子が作られます。また、2 倍体の配偶子と正常の配偶子（半数体）とが他家受粉すれば、3 倍体の種子が形成されます。こうした一連の倍数化で、任意の倍数体が形成されるのです。

異質倍数体

異質倍数体とは、異なる親種に由来する、異なるゲノムをもつ倍数体を指します。平たく言うと、雑種が生じることで形成されます。本来、異質倍数体は染色体突然変異ではありませんが、植物の新種形成とも関係が深いので、ここで説明しておきます。

通常、異なる親種に由来する配偶子が受粉しても、うまく胚発生が進まず、種子ができることはまれです。もし種子ができ、それが育ったとしても、その個体に有性生殖を行う能力はありません。この植物のもつ細胞には、それぞれの親種に由来するゲノムは一組しかありません。つまり、それぞれの親種の半数体ということになります。有性生殖のためには減数分裂の途中で相同染色体が対合することが必要ですが（第 5.3 節）、ゲノムが一組ずつしかない異質倍数体ではこの対合を形成することができないからです。対合ができなければそれ以上減数分裂を進めらないので、配偶子を作ることはできません。

しかし異質倍数体の植物の芽で異常な細胞分裂が起き、倍数体の芽ができれば事態は変わります。その芽に由来する枝にある細胞では、異なる 2 種のゲノムが 2 倍体になっています。こうなれば減数分裂ができるようになるので、配偶子を作れます。異質倍数体形成と倍数化が重なれば、有性生殖が可能な植物体が生まれるのです。異質倍数体形成と倍数化による繁殖可能な植物体の形成の例として、私たちがよく利用しているパンコムギが知られています。第 16.3 節で詳しく紹介しますが、パンコムギは度重なる異質倍数体（雑種）形成と倍数化の末に形成されたと考えられています。

異数体

異数体とは、基本の数より 1〜数本だけ染色体を多く（もしくは少なく）もつ変異をいいます（**図 6.3**）。これは減数分裂の際に、相同染色体が分離しなかったり、任意の 1 本だけが倍化してしまったりすることで作られます。つまりこれにより半数体の染色体数（n）より 1〜数本だけ染色体数が多い、もしくは少ない配偶子が形成されることに由来します。

構造変異

構造変異とは、染色体の構造が変化することです（**図 6.3**）。そのしくみとして、染色体の一部が失われる欠失、染色体の方向が一部分だけ逆転する逆位、染色体の一部が繰り返される重複、他の染色体の一部と置換される転座など、さまざまなものが知られています。これらの変異が生じるのは、対合（第 5.3 節）の後に相同染色体がうまく分かれなかった場合です。

ドフリースが観察した突然変異のほとんどは、染色体突然変異であったことが知られています。ナガバノマツヨイグサやヒロハマツヨイグサはオオマツヨイグサの異数体、オニマツヨイグサはオオマツヨイグサの 4 倍体です。

第7章 集団遺伝学

7.1 集団遺伝学の始まり

ここからは、進化理論の理解を深めるために作られた学問分野の紹介を時々はさみながら、進化のしくみの解説を進めていきます。最初に紹介するのは集団遺伝学です。集団遺伝学は進化を理解するための学問分野として、1910年頃から始まりました。

あらためて、進化とは何か

それまでの進化学の考察はあくまで、私たちの目に見える形質の変異を直接観察することによって進められてきました。それでは、私たちの目に見えている形質の変異のすべてが、進化に重要なのでしょうか。

じつは、そうではありません。形質の変異のうち進化において重要なのは、ダーウィンが指摘したとおり、遺伝するものだけです。1910年頃になると、個体がもつ遺伝する形質の変異をつかさどっているのは、その個体がもつ遺伝子だというアイデアが定着してきました。形質の変異と遺伝子の考えを組み合わせれば、進化、つまり変化を伴う世代交代を新しい視点で捉え直すことができます。進化は、私たちの目に見えるレベルでは形質の変化をもたらすものの、根本的には遺伝子を変化させるプロセスだ、という捉え方です。形質の変化は、遺伝子の変化の結果にすぎません。この視点に立てば、進化とは、「生物の遺伝子が世代を経るにつれて変化していくこと」と言い換えられます。

さて、進化とは遺伝子が変化することだと述べましたが、集団の中のある個体が、変化した遺伝子を獲得しただけで、進化と呼べるでしょうか。

それよりむしろ、ある個体に生じた遺伝子の変化が、集団全体に広まるかどうかが進化には重要でしょう。そう考えると、進化とは「集団の遺伝子の組成が世代とともに変化すること」とさらに言い直すことができます。

1910年頃までに培われた遺伝の知識は、メンデルに端を発する対立遺伝子の遺伝の法則です。上の議論を対立遺伝子に当てはめれば、「進化とは世代とともに対立遺伝子の頻度（ある対立遺伝子の出現数が対立遺伝子全体に占める割合）が変わること」となります。そこで、対立遺伝子のうちどちらか一方が世代とともに広がるようなことはあるのか、もしくは反対にどちらか一方が減少し、最後には消滅することがあるのか、といったことに興味がもたれるようになりました。

また、ドフリースの研究成果により、遺伝子が突然に変異することも知られるようになりました。ある個体が突然変異をもった場合、その突然変異がたどる運命こそが、進化のカギを握っていそうです。なぜならば、その突然変異が集団に広まることで、進化が進んでいくからです。こうした時代の流れの中、世代交代に伴う対立遺伝子の頻度変化がどのような法則に支配されているのか明らかにするための学問として、集団遺伝学が誕生しました。

ハーディ=ワインベルグの法則

とはいえ、集団遺伝学が勃興（ぼっこう）したばかりの頃の人類は、遺伝子の変化を直接観察する方法をもっていませんでした。それどころか、遺伝子の正体がDNAであることさえ知りませんでした。そこで集団遺伝学では、数学的な手法でメンデルの遺伝の法則と自然選択を結びつけることで、理論的に進化を理解しようとしました。それでは集団遺伝学の大きな成果であり、その出発点と言われる、ハーディ＝ワインベルグの法則を紹介しましょう（**図7.1**）。20世紀初頭の出来事です。

メンデルの遺伝の法則が再発見された頃、その法則をよく理解していないためにある誤解が生じました。例えば、優性の法則が成り立つ対立遺伝子が支配している形質に注目してみます。当時の典型的な誤解は、「優性の法則が成り立っているのならば、表現型の比率は必ず優性形質：劣性形質が3：1になるはずだ。にもかかわらず、観察される比率はそうなってはいない。だからメンデルの遺伝の法則は間違っている」というものです。

図 7.1　ハーディ＝ワインベルグの法則

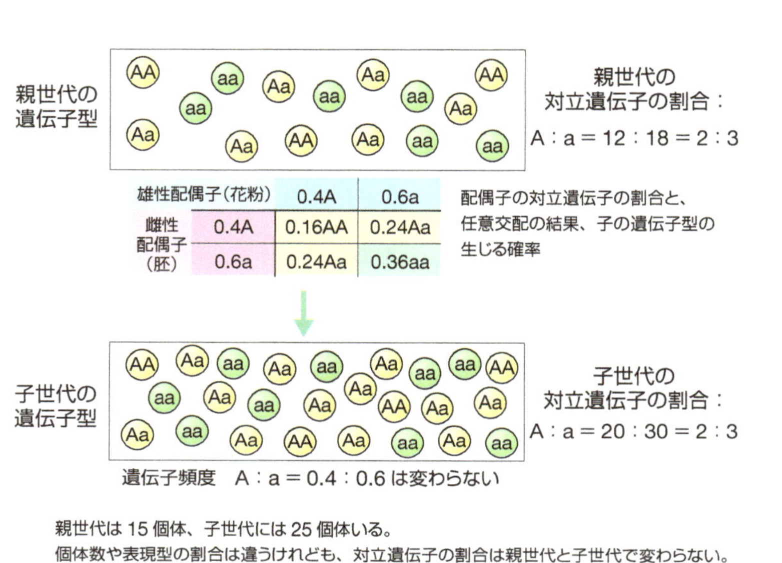

親世代は 15 個体、子世代には 25 個体いる。
個体数や表現型の割合は違うけれども、対立遺伝子の割合は親世代と子世代で変わらない。

たしかに、集団における優性遺伝子と劣性遺伝子の比率が 1：1 ならば、理想的には上記の表現型の比率になります。しかし、優性遺伝子と劣性遺伝子の比率が 1：1 でなければならない理由など、どこにもありません。むしろこの比率から外れているほうが自然でしょう。上述の誤解を解く上で、ハーディ＝ワインベルグの法則は重要な役割を果たしました。

ところで日本では、優性、劣性という言葉の響きから、「劣性形質が優性形質より機能が劣っていて、いずれは集団から劣性形質がいなくなってしまうのではないか」、と誤解されることがあります。それが誤解であることも、ハーディ＝ワインベルグの法則が示しています。それでは、ハーディ＝ワインベルグの法則を詳しく見てみましょう。

ハーディ＝ワインベルグの法則は、「一定の条件下にある限り、対立遺伝子の頻度は何世代経とうが変化しない」、というものです。対立遺伝子 A、a の集団における頻度を考えます。親の世代の A の頻度を p（1.0 から 0.0 の間の値を取ります。$p=1.0$ ならばすべての遺伝子が A、$p=0.0$ ならば A が集団に全く含まれていない状態を意味します）、a の頻度を q（$1.0-p$

になります）とします。この対立遺伝子とは無関係に交配が起こり（任意交配）、また、生じる子の数にも対立遺伝子による差は生じない（遺伝子型に自然選択上の優劣がない）と仮定します。

このとき、子の世代での各遺伝子型が出現する、期待される確率を考えてみましょう。じつは、子の世代での各遺伝子型の期待出現確率は、簡単に求められます。対立遺伝子をもつ配偶子が受精する確率を計算すればいいのです。対立遺伝子をもつ配偶子の割合は、親の世代の対立遺伝子の頻度と考えればよいので、単純に、親の世代でのそれぞれの対立遺伝子の頻度 p と頻度 q の積を考えれば、子の世代での各遺伝子型の期待出現確率を求められます。つまり、AA が生じる確率は p^2、Aa は $2pq$、aa は q^2 となります。

子の世代の A の頻度を考える場合、A が含まれる遺伝子型だけに注目すればよいので、

$$p^2 + pq = p(p + q)$$

となり、かっこの中の $p + q$ は 1 ですから、やはり親世代と同じ p になります。

同じ理屈で、子の世代での a の頻度も q になります。任意交配し、自然選択が働かないという条件が満たされれば、何世代経ようが対立遺伝子の遺伝子頻度は変わらないということです。これがハーディ＝ワインベルグの法則で、この状態をハーディ＝ワインベルグ平衡と呼んでいます。

さて、集団遺伝学的に言えば、進化は集団の対立遺伝子の頻度が変わることです。ですから、何世代経とうが対立遺伝子の頻度が変わらないハーディ＝ワインベルグ平衡下では、進化は起こらないことになります。言い換えれば、ハーディ＝ワインベルグ平衡が崩れることが、進化が進む条件であるということです。じつはハーディ＝ワインベルグ平衡が崩れる条件もわかっていて、①自然選択があること、②任意交配しないこと、③偶然の影響が大きくなるほど集団が小さいこと、④隣接集団からの移入があること、⑤突然変異することの五つが挙げられます。これらの条件は進化を考える上で非常に重要ですから、次節でしっかり見ていくことにしましょう。

集団遺伝学の礎を築いた3人の巨人

ハーディ＝ワインベルグの法則の発見により華々しくスタートした集団

遺伝学は、1930年頃までに数学的な礎が築かれることになりました。ここで大活躍したのがイギリスの遺伝学者フィッシャー（Fisher, R.）、イギリスの遺伝学者ホールデン（Haldane, J. B. S.）、アメリカの遺伝学者ライト（Wright, S.）の3人です。このうちフィッシャーとホールデンは、自然選択下の遺伝子頻度の変化に関する数理的理論を発展させ、ごくわずかに有利な遺伝子でさえ自然選択され、進化を引き起こすことを明らかにしました。一方、ライトの考えは、進化に自然選択を重視する彼らとは異なります。ライトのアイデアは第9.2節で紹介することにしましょう。

ところで、フィッシャーは集団遺伝学とは別の分野でも活躍しました。多少とも統計学を学んだ人は、分散分析という手法をご存じでしょう。この分散分析に代表される、データが正規分布する場合に適用可能な統計学的理論を構築したのもフィッシャーなのです。彼は、一方で統計学的理論を構築し、他方で集団遺伝学の理論を築き上げました。

7.2 ハーディ=ワインベルグ平衡が崩れる条件

上で述べたように、進化を起こすためには、ハーディ＝ワインベルグ平衡が崩れなければなりません。ハーディ＝ワインベルグ平衡下では遺伝子頻度が変わることができず、進化が起こりえないからです。それでは、上述のハーディ＝ワインベルグ平衡が崩れる五つの条件がどういうものなのか、確認していきましょう。

条件1：対立遺伝子間の適応度の差

対立遺伝子Aとaの頻度は、優性形質と劣性形質の間に適応度（個体の繁殖の成功度合いを示す指標で、一般的には「次世代に残すことができる子の数」のことを指します。第8.2節参照）の差が無ければ、何世代経ようが変わりません。しかし両者の間に優劣の差があれば、世代を経るにつれて優れた形質（繰り返しますが、必ずしも優性形質のほうが優れているとは限りません）の遺伝子が集団に広がっていきます。例えば劣性形質が顕われると（すなわちaaの遺伝子型のとき）、その個体の生存力や繁殖力が落ちるとします。そうすると、自然選択によりこの遺伝子型が集団から排除され、aの遺伝子が集団から急速に失われます。その結果、必然的にAの遺伝子頻度が高くなるように集団の遺伝子頻度が変化します。

条件2：任意でない交配

ハーディ＝ワインベルグの法則は、雌雄の遺伝子型に関係なく交配が無作為に行われる任意交配を前提にしています。この条件に合わない集団では、ハーディ＝ワインベルグ平衡が崩れます。任意交配でない交配に当てはまるのは、例えば遺伝的に近縁関係にある個体間の交配（近親交配）です。近親交配が行われると、ホモ接合体（AAやaaのような同じ遺伝子が組み合わさった遺伝子型）が増える方向へ集団の遺伝子頻度が変化します。

条件3：集団の小ささ

ハーディ＝ワインベルグの法則は、集団の大きさ（個体数）が無限に大きいことを前提にしています。もちろん無限に大きな集団という仮定を現実の生き物が満たすことはありませんが、集団がかなり大きければ近似的にこの条件は満たされます。では集団が小さいとどうなるのでしょうか。

小さい集団では、偶然により遺伝子頻度が変化しやすくなります。例えばオス1個体、メス1個体の全2個体からなるとても小さな集団が交配し、2個体の子を作るときの対立遺伝子の頻度変化を考えてみましょう。ただし、親の遺伝子型はどちらもAaであるとします。すなわち、親世代のA：aの頻度は1：1です。さて、この集団の子の世代から偶然だけでAもしくはaの遺伝子が失われる確率を求めると、12.5%という高い確率になります（二人の子供の遺伝子型が二人ともAAになる確率とaaになる確率は、ともに6.25%のため）。一度集団から失われた遺伝子が、再び集団に戻ることはまずありません。このように、小さい集団では偶然の効果によってどんどん遺伝子が失われ、集団の遺伝的多様性が不可逆的に減少するように遺伝子頻度が変化します。

条件4：隣接集団の影響

ハーディ＝ワインベルグの法則は、集団が完全に閉じていて、他の集団と隔離されていることを前提としています。つまり、遺伝子頻度は集団の中にある要素だけの影響を受ける、という前提です。しかし実際には、この前提を満たす集団は自然界にはほとんどありません。

対立遺伝子の頻度が異なる近隣集団からの移住が起これば、それだけで対立遺伝子の頻度が変化することは容易に想像できるでしょう。例えば、対立遺伝子Aとaの頻度が1：1の集団があったとします。ここに対立遺伝子Aの比率が1.0の集団（すなわち、すべての個体がAAの遺伝子型をもっている集団）から小集団の移入があれば、移入後の集団の遺伝子頻度は必ず1：1よりもAの頻度が上がります。

条件5：突然変異

ハーディ＝ワインベルグの法則では対立遺伝子A、aは不変と扱われていますが、Aからa、もしくはaからAの突然変異が起これば、対立遺伝子の頻度は変化していきます。しかし、通常はこうした突然変異はめったに起こりませんから、遺伝子頻度の変化を考える場合、突然変異の影響は無視して構いません。

対立遺伝子の頻度の変化において突然変異の影響は無視できるほど小さいのですが、突然変異こそが集団に見られる遺伝的変異の原動力である点は忘れてはいけません。ごくごくまれに起こる突然変異によって集団に遺伝的な多型が生じ、それに対して自然選択や偶然の要因が働くことで進化は進むのです（第8.1節）。

第8章 進化の総合説あるいは現代の総合説

8.1 進化をめぐる学問分野の統合

ダーウィンの進化理論以降、集団遺伝学などの進化と関連するさまざまな学問分野が次々に誕生してきました。それらは、進化の理解に貢献する一方で、互いに有機的な連携をもつことなく、それぞれほぼ独立に発展してきました。その結果、1930年頃までには、これらの学問分野は、進化という共通の現象を研究しているにもかかわらず、ほぼつながりは見えなくなってしまったのです。

そこで、独自に発展していった学問分野、例えば生態学、遺伝学、古生物学、発生学、比較解剖学、地質学、地理学、数学の知識と方法を集結させ、分野間の理解を深めるとともに、分野横断型研究で進化の理解をさらに深めようという動きが出てきました。1935年頃の出来事です。この後、約10年間にわたり続けられた、進化に関する専門学問分野の学際的な統合の過程を進化の総合といい、その結果、生まれた理論を進化の総合説と呼んでいます。

進化の総合説とは

ですから、進化の総合説といっても一つの進化理論を指すわけではなく、この統合の過程で組み立てられたものを総称していることになります。何だか、まとまりがあるのかないのか曖昧な進化の総合説ですが、この統合の中で非常に重要な学問の流れが作り出されたことも事実です。統合により、ダーウィン進化理論である自然選択説と競合していた、(1) 獲得形質の遺伝、(2) 内的・自発的な進化、(3) 突然変異説による新しい種の突然の出現による進化の三つが完全に否定されることになったのです。その結果、進化の総合説ではメンデル遺伝と自然選択のみで進化を説明しなければならなくなりました。

ただし、ここにもう一つ付け加えるべき重要な事柄があります。突然変異の再評価です。といっても、私たちがはっきりと気がつくレベルの大きな突然変異は、生存や繁殖に有害なものばかりで、突然変異による一世代での進化など起こりえないことは第6.1節で確認したとおりです（例外としては、第16.3節で紹介する植物の倍数化があります。詳しくはそちらを見てください）。

では、なぜ突然変異が再評価されたのでしょうか。このとき生まれたアイデアは、「突然変異は、生存・繁殖に有利ではあるものの、私たちが気づくことさえないような小さな変異を発生させる」というものです。こうした変異は、気づかないほど小さいとしても生存・繁殖には有利ですから、自然選択により選び出されます。この小さな突然変異の発生と自然選択による選抜が何度も繰り返されれば、有利な突然変異が世代を経るごとに連続的に蓄積されていくはずです。この蓄積が地質年代レベルの長い時間続けば、やがては私たちが気づくほど大きな形質の違いを生み出すかもしれません。これが、ドーキンスのけん引した進化の総合説です。

ネオダーウィニズム？ ウルトラダーウィニズム？

進化の総合説はいろいろな呼ばれ方をしてきました。総合説は、自然選択が進化理論の中心に位置するという意味で、ワイスマンの進化の考えと何ら変わりません。そのため、進化の総合説もネオダーウィニズムと呼ばれることがあります。しかし、この呼び名では同じように呼ばれたワイスマンの進化説と区別することができません（第3.5節）。やはり進化の総合説と呼んだほうがよいでしょう。

進化の総合説が取る立場を、いきすぎた自然選択偏重指向だと考える人たちがいるのも事実です。これは、第9.1節で述べる断続平衡進化説を提唱したアメリカの古生物学者グールド（Gould, J.）やエルドリッジ（Eldredge, N.）に代表される考えです。彼らは、ドーキンスに代表される“総合説派”の「進化はすべて遺伝子に本質的に還元できる」という姿勢に疑問をもっています。彼らの主張には、「進化はそんなに単純なものではない、もっと現実の自然の世界や過去の生物の試料にも目を向けるべきだ。そうすれば、進化の複雑さに気が付かされるはずだ」という思想が通底しています。この立場の人たちが進化の総合説を揶揄するときに用いた表現が、「ウルトラダーウィニズム」です。

この呼称はあくまで、進化の総合説を批判する側が用いる表現なので、進化の総合説の呼称としてはふさわしくはないでしょう。やはり、進化の総合説は、進化の総合説と呼ぶのがよいと思います。

8.2 最適な表現型に関する理論的研究

さてここで、進化の理論的研究である「最適な表現型に関する研究」と「進化のゲーム理論」を紹介します。集団遺伝学により遺伝子レベルでの進化について理論的な研究が進み、さらに、その理論の正しさは分子レベルのデータにより検証できるようになりました（第9.3節参照）。では表現型レベルの進化に関する研究はどうでしょうか。目に見える表現型の進化は観察や実験がしやすいので、その研究は表現型の直接観察で事足りると思うかもしれませんが、実際はそう簡単ではありません。

表現型の観察・実験の難しさ

ダーウィンフィンチのくちばしに代表されるように、自然選択の末に出来上がったと考えられる表現型は普遍的に存在します。これらが自然選択によって形成されたと想像することはたやすいですが、本当に自然選択により形成されたのかを観察や実験により確認することはできるでしょうか。

観察によるアプローチを用いるならば、注目したい表現型が進化してきた過程を観察する必要があります。たぶんそれには途方もない時間がかかるでしょうから、現実的ではありません（本章末のコラム「観察される自然選択」を参照）。

一方、自然選択を実験的に確かめることも容易ではありません。例えば、サボテンフィンチのくちばしの長さは、自然選択によりサボテンの蜜を吸うために最適化されていることが予想されます。しかし、実際にサボテンフィンチの個体を使って実験的にこの予想を検証することはできません。もし実験するならば、さまざまな長さのくちばしをもつサボテンフィンチを用いて、それらの間で採蜜効率を比較する方法が考えられます。しかし、普通より倍長いくちばしや半分の長さのくちばしをもつサボテンフィンチなどこの世にはおらず、実験を設定することができないのです。表現型レベルの進化を実験あるいは観察により検証するには、こうした制約が常につきまといます。

最適な表現型の計算

それでは、私たちには自然選択による表現型の進化を確かめる術が残されていないのでしょうか。安心してください、見方を変えれば可能性は残されています。例えば、ある形質に注目したとき、生存や繁殖に最も有利となる表現型（最適な表現型）を数学の力を用いて計算することができるかもしれません。自然選択は生存や繁殖に最も有利な表現型を選び出すと考えれば、現実の生き物の表現型は、理論的に求められる最適化された表現型と一致するはずです。これを確かめることで、自然選択による表現型の進化の検証が可能となるかもしれません。

このアプローチについて、木の高さの進化を例に最適な表現型を考えてみましょう（**図 8.1**）。背の高い木は、他の木の陰に入らず、光合成に必要

図 8.1 木の高さの適応度

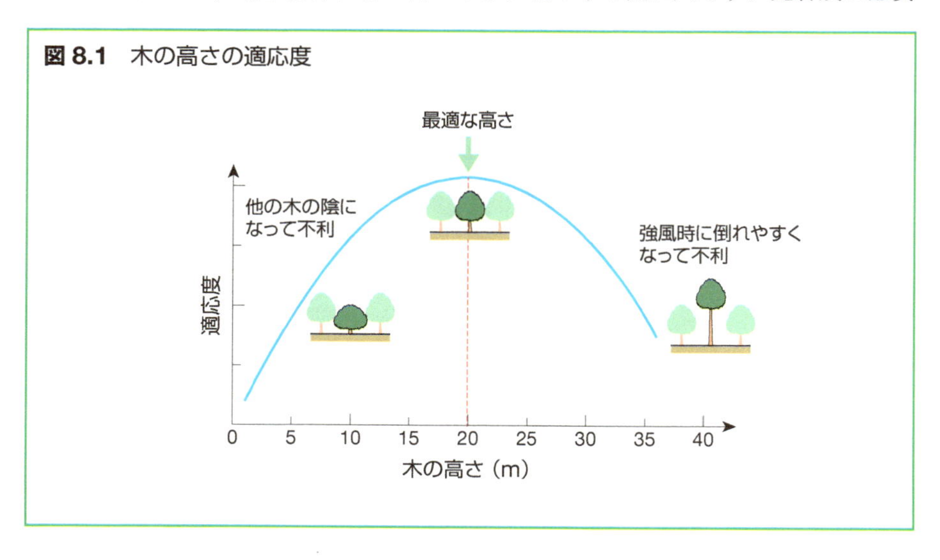

な日光をふんだんに受けることができるので、木は高いほうが光合成の面では有利です。では、木はどんどん高くなるように進化するのでしょうか？高い木は高いなりの悩みをもちそうです。例えば高い木は、それだけ強い風を受けやすく、風で倒れる危険が高まるかもしれません。それに、根から吸収した水を高いところまで引き上げる必要もあります。背を高くするためには、それだけ多くの材料も必要になるでしょう。こうした犠牲を払わなければ、木は高くなれません。木が高くなることで発生するこうした損得を定式化できれば、それに基づいて最も有利となる高さ（最適な表現型）を算出できるはずです。

このアプローチでは、個体が得る損得を表す指標として、適応度を用います。適応度とは個体の成功の度合いを指しますが、この成功とはあくまで、繁殖の成功を意味します。つまり、適応度は、「次世代に残すことができる子の数」を反映します。

木で考えれば、適応度は１年あたりの種子生産量と種子生産を続けられる期間（年）の掛け算で求められます。種子の数は光合成生産物と関係するでしょうから、より背の高い木は１年あたりにより多くの種子を作れるかもしれません。しかし、背の高い木は、より多くの光合成産物を自分の高くなるための生長に回さないといけないので、種子生産に回せる光合成産物量が減り、この意味では１年あたりの種子生産が減少するかもしれません。加えて、背が高くなるとそれだけ風倒による死亡の可能性が高まり、種子を生産できる期間が短くなることも予想されます。こういった予想されるすべての要因を数式化し適応度を求め、それを木の高さの関数で表すことができれば、適応度が最大となる木の高さを求められるというわけです。

最適な木の高さを求めることができれば、それと実際に観察される木の高さとを比較し、数理的な予測と現実世界の木の高さの間に齟齬がないかを確かめることもできるでしょう。もし予測と現実が一致するならば、その事実は、自然選択により木の高さが進化したことを示す強力な証拠になります。

ただし、木にとって最適な背の高さは、その木の生育環境とも関係するかもしれません。風が強い地域では、風で倒れる危険度が高いので、最適な高さが低くなるでしょう。もし最適な高さをその木が生える地域の風の強さの関数として表すことができれば、ある場所の風の強ささえわかれば、そこに生える木の高さを予想することができます。こうしたアプローチにより、例えば、日本と熱帯雨林とで木の高さが大きく異なる理由を説明できるかもしれません（日本ではせいぜい 20 m くらいにしかならない木が、熱帯雨林ではしばしば 70 m を超えます）。この違いの理由は、ときどき台風が来て大風が吹く日本と、1年を通してほとんど強い風が吹かない熱帯雨林、という環境の違いにあるかもしれません。

以上は、自然選択は最適な表現型を選抜するという考えの下、進化が行き着く最終地点としての最適な表現型を探る手法でした。それに加えて、自然選択による表現型の進化を考察する強力な数理的方法として進化のゲーム理論があり、これによっても進化の理解が大幅に深まりました。次節では進化のゲーム理論を詳しく紹介しましょう。

8.3 進化のゲーム理論

有利な表現型

ある表現型が他の表現型よりも有利かどうかは、周りにどういった表現型をもつ個体が多くいるのかに左右される可能性もあります。

例えば、他者と資源を奪い合わなければならない状況があったとします。このとき、いつも強気の喧嘩腰で他者から資源を奪おうという行動（表現型といってもよいです）をとる個体がいるとします。こうした行動は、資源を奪い合っている競争相手の多くが弱気ですぐに身を引く行動をとる場合は、有利となるでしょう。しかし、周りに同じように喧嘩腰で資源を奪おうという行動をとる個体が多い場合は状況が異なります。喧嘩の末、資源の獲得に失敗するかもしれませんし、怪我を負ってしまうかもしれません。こうした状況ではきっと、喧嘩腰の行動は不利でしょう。

一方で、いつも弱気で逃げ腰の行動をとる個体は、周りが喧嘩腰の行動をとる個体で埋め尽くされていた場合、すべての奪い合いの場面で資源を獲得できないので不利でしょう。しかし、周りの個体が自分と同じ弱気の行動をとる者だらけならば、資源を平和的に分配でき、悪くない行動かもしれません。

このように、ある行動（表現型）の有利さは、他個体の持つ表現型に依存して変化する状況も考えられます。こういった状況では、どんな表現型が自然選択に有利になるのでしょうか。これから紹介するゲーム理論は、表現型の有利さが、集団内の表現型の頻度に依存して変化する状況（この状況をゲームと呼びます）で、進化がどのように進むのかを考察する有効な方法になります。

ゲーム理論とは

ゲーム理論はもともと、個人や企業、国家にとってどのような行動・判断が最も理にかなっているのかを判定するための方法として発展してきました。私たちがとろうとしている行動がどれだけ合理的なのかを数学という客観的なものさしで測ることができるのが、ゲーム理論の最大の魅力です。現にゲーム理論は国際社会の外交予測や経済予測の分野で大活躍しています。その証拠に、この方法を採用して研究を進めた複数の経済学者がノーベル経済学賞を受賞しています。

もともと人間社会における合理的な意思決定に威力を発揮してきたゲーム理論ですが、1960 年くらいから進化生物学の中で頻繁に用いられるようになりました。これは、個体間の生存競争という状況が、ゲーム理論が想定する状況に合致していて、進化の研究にゲーム理論が応用可能であったからです。ただし、理由はそれだけでありません。実験により再現することがほぼ不可能であった自然選択の過程を、ゲーム理論を用いた数理実験により考察できるという魅力も大きな理由でした。

ゲーム理論には、厳密な前提があります。それはすべてのゲームに共通する共通前提と、それぞれの個別のゲームにのみ当てはめられる個別前提に分けられます。まずは、これらの前提から理解していきましょう。

すべてのゲームに共通する前提とは、

(1) ゲームには対立する利害関係にあるもののみが参加する

(2) それぞれの参加者は常に合理的にふるまう

という 2 点です。個別前提については、のちほど具体例を紹介します。

表現型の有利さが他個体の表現型に依存する場合、一概にどの表現型が優れているとはいえません。それでは、ゲーム理論では自然選択される表現型をどのようにして選び出しているのでしょうか。ゲーム理論では、"進化的に安定な戦略"という概念を導入してこの問いに挑んでいます。

戦略という言葉に違和感を覚えるかもしれませんが、行動としての表現型、もしくは単に表現型そのものを指していると思ってください（それならば、表現型と呼びなさいと思うかもしれませんが、戦略という言葉が一般的ですから、この本でもそれにならいます)。さて、進化的に安定な戦略とは、もし集団の全員がその戦略（表現型）をもっている場合、他のいかなる戦略（表現型）をもつ個体もその集団に侵入・拡大できない状態を指します。ゲーム理論でも戦略間の優劣はやはり、適応度を用いて測られます。

ゲーム理論の例：フィッシャーによる性比の進化理論

ゲーム理論の具体例として、性比の進化理論を紹介しましょう。性比とは、集団中のオスの数とメスの数の比で、メスの数を1.0にした場合のオスの割合で示すのが習慣になっています。進化のプロセスで、性比はいかに最適化されるのでしょうか。

性比をいろいろな種で調べてみると、1.0になっている（オスの数とメスの数が等しい）ことがほとんどです。これは、性が性染色体の組み合わせで決まっていることを考えれば、簡単に説明できます。

ここで、性染色体と性の決定について、簡単におさらいしておきましょう。性は性染色体によるXY型性決定様式で決まる生物が私たちヒトを含めて多くいます。これに従う生き物は、各個体が2本の性染色体をもちます。性染色体には互いに形の異なるXとYの2種類があります。そして、性染色体をXXという組み合わせでもつ個体はメスに、XYという組み合わせでもつ個体はオスになります（**図8.2**)。なお、YYという組み合わせをもって生まれることはありません。減数分裂により性染色体は配偶子に均等に分配されますから、メスの配偶子（卵）はすべてXの染色体をもち、オスが作る配偶子（精子）の半分はX染色体を、残りの半分はY染色体をもちます。これらの配偶子の間で任意に受精が行われれば、半分の受精卵はXXという組み合わせ（メス）になり、残りはXYという組み合わせ（オス）になります。性比が1.0であるという事実は、これ以上考察する必要のない自明な結果に見えます。

図 8.2 XY 型性決定様式に従う生き物の性決定（ヒトの例）

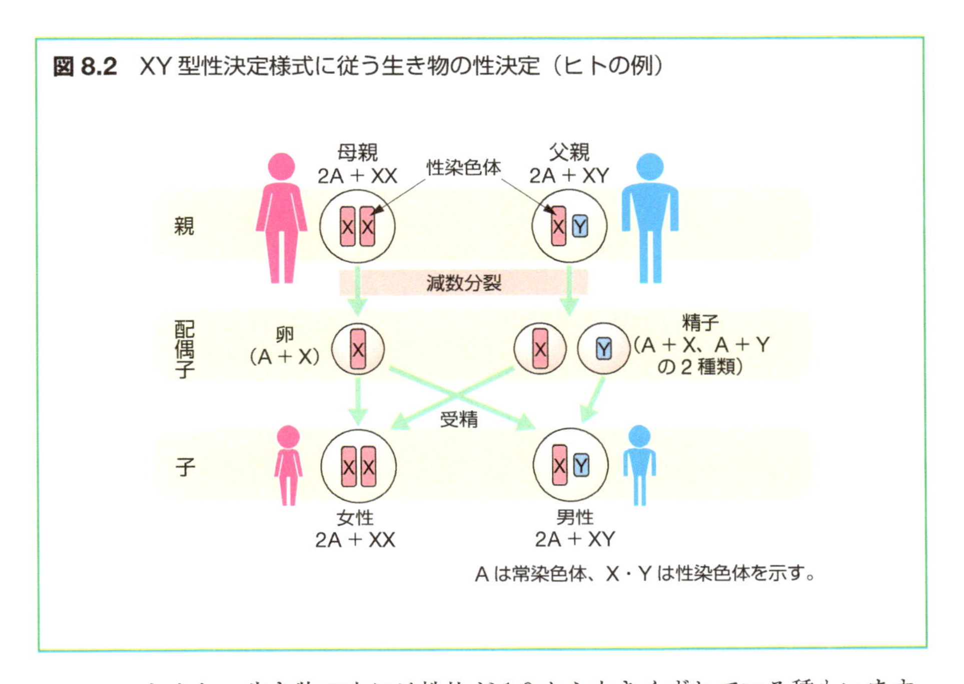

しかし、生き物の中には性比が 1.0 から大きくずれている種もいます。具体的な性比の崩れの例として、ハーレムを作るトドでは、ハーレム内の順位の高いメスが産む子はオスである確率が高い傾向があります。こうした生き物は、減数分裂、受精、もしくは胚発生をコントロールし、オスとメスを産み分けているのでしょう。生き物はこうした能力の獲得も可能なのですから、逆に、多くの生き物が積極的に性比 1.0 を保つように進化してきたと考えるべきでしょう。ではなぜそのように進化しなければならなかったのでしょうか。性比が 1.0 となる理由は XY 型性決定様式だけでは説明不足で、そう進化する理由も考察すべきなのです。

世界で初めてこの問いに答えたのは、統計学と集団遺伝学の確立に多大な貢献をした、あのフィッシャーです。フィッシャーは性比ゲームの個別前提として、

(1) 集団は十分大きい（偶然の要素は無視できる）

(2) 任意交配をする（近親交配の要素は無視できる）

(3) オスを多く生む、もしくはメスを多く生むという戦略（表現型）は遺伝する

図 8.3 集団がわずかなオスと多くのメスから成り立っているときのオスとメスの有利さ（性比＝ 5.0 の例）

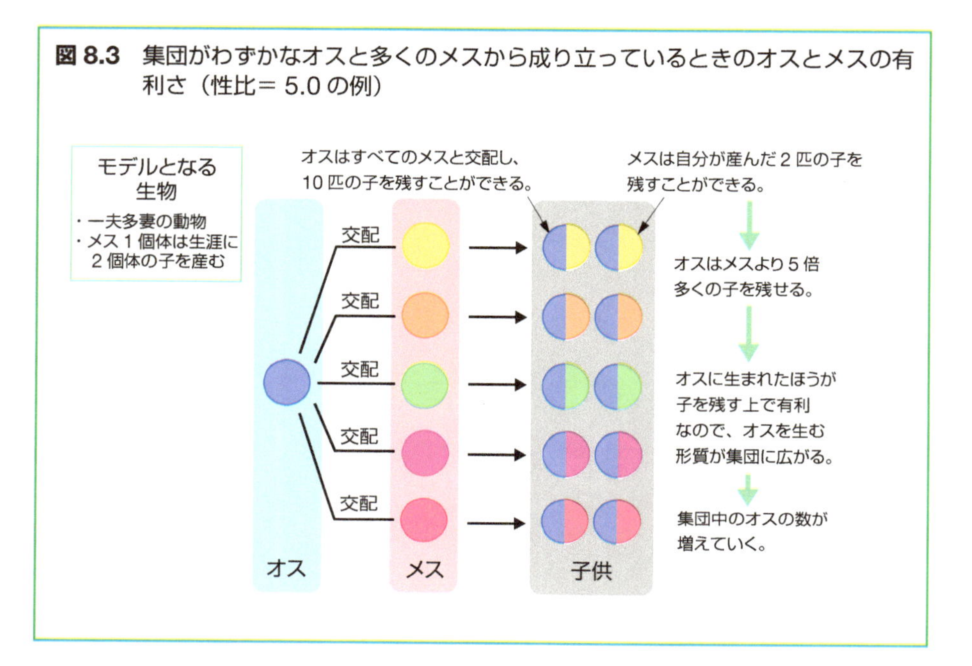

の三つを置きました。彼はこの前提のもと、オスを多く生む表現型とメスを多く生む表現型のどちらが有利か考えました。前者が有利ならば当然、集団にはオスが多くなり、後者が有利ならばメスが多くなります。

では、まず集団がわずかなオスと多くのメスから成り立っている状況を考えましょう（**図 8.3**）。このときは、1 匹のオスが複数のメスと交尾ができるでしょうから、オス 1 匹あたりの子の数がメス 1 匹あたりの子の数を上回ります。すなわちオスのほうが適応度が高くなり、集団にオスの数が増えていきます。この傾向が続けば、やがて性比が逆転します。そうなると、今度はメスにあぶれるオスが出ることになり、確実に子が残せるメスのほうが適応度が上がります（**図 8.4**）。こうなれば今度は集団にメスの数が増えることになります。

この追いつ追われつの状況はいつ止まるでしょうか。そうです、性比が 1.0 になったときです。性比 ＝ 1.0 の状況では、オスの適応度もメスの適応度も同じになり、性比がどちらかに偏るような自然選択圧はかからなくなります。集団の全員が、生まれてくるオスとメスの数を偏らせない戦略をとっているこの状態では、オスを多く生む戦略もメスを多く生む戦略も

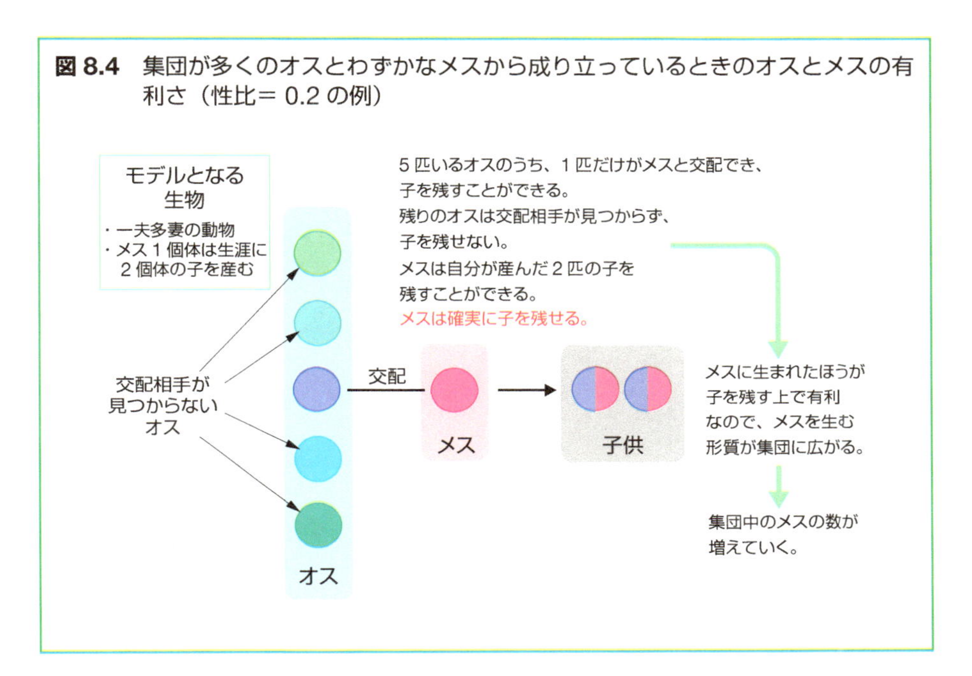

図 8.4 集団が多くのオスとわずかなメスから成り立っているときのオスとメスの有利さ（性比＝0.2 の例）

集団に侵入することができません。すなわち性比 1.0 が、進化的に安定な戦略になるのです。

以上が、フィッシャーによる性比が 1.0 となるような進化の見事な説明です。フィッシャーがこの考えを発表したのは 1930 年のことで、アメリカの数学者フォンノイマン（von Neumann, J.）がゲーム理論を世界で初めて定式化した 1952 年よりずっと前のことです。ですから、フィッシャーは性比についての持論の中でゲーム理論という用語を使っていません。しかし、彼の性比理論は本質的に、ゲーム理論における進化的に安定な戦略を求めていたのです。

理論は現実世界に適用可能か

さて、この節で見てきた理路整然とした表現型の最適化理論やゲーム理論に弱点はあるでしょうか。もし、あるとすれば、それはこうした理論から予想される結果を現実世界に適用することが可能か、という点でしょう。

最適化理論やゲーム理論では、厳密な前提を作り、その上で表現型の間の有利さ（適応度）を定式化しています。いったん定式化されてしまえば、その後の解析は数学の理論により進められるわけですから、そこに間違いが入り込むすきはありません。もし、計算の前提を満たす世界が存在するとすれば、その世界での自然選択の結果は決定論的に、最適化理論やゲーム理論の結果に一致するはずです。ですから、もしこれらの理論が現実世界を表現できていないとすれば、計算以降の部分よりむしろ、前提の置き方に問題があるのでしょう。

しかし、最適化理論やゲーム理論の前提に問題はあるでしょうか。例えばフィッシャーの性比理論を見ると、その前提は生物学的にも、実現可能性にも無理のなさそうな、いや、むしろもっともらしいものです。しかし厳密には“もっともらしい”ことは、“実際にあった（ある）”こととは異なります。このギャップを埋めること、つまり、ゲームの前提が現実の自然選択の状況に当てはまっていたかを確かめることは不可能です。フィッシャーの性比理論で導き出された性比 1.0 は、現実の生き物の多くが 1.0 の性比をもつという事実とよく合致しています。しかし、だからと言って、この合致が、現実に観察される性比 1.0 がフィッシャーの性比理論で予想したとおりの過程で進化したことを保証しているわけではありません。うがった見方をすれば、ただの偶然の合致に過ぎないと考えることさえ可能です。私たちは常にこの点に注意を払わなければなりません。

column 観察される自然選択

生息する環境とその生き物の形質の間の対応といった自然選択による進化の状況証拠ではなく、自然選択を野外で直接観察しようという試みも進められています。自然選択による形質の変化はゆっくりしているので、なかなか実際に観察することは難しいのですが、最近はいくつかの研究成果が知られるようになりました。

オオシモフリエダシャクという蛾は体が黒いものから白いものまでいます。イギリス、マンチェスターの工業地帯では石炭の煤煙で辺り一面が黒くなっているため、体色が黒いオオシモフリエダシャクが目立ちにくく、小鳥に捕食されにくくなりました。このため、この地域で体の黒いオオシモフリエダシャクが増えたのですが、これは工業暗化と呼ばれる古くから知られる自然選択の例です。

カリブ海の大アンティル諸島にはアノールトカゲと呼ばれるトカゲが生息しており、種間で足の長さや太さが異なるだけでなく、同じ種でも島間でこうした形質が異なります。アメリカの生物学者ロソス（Losos, J. B.）たちの研究グループは、アノールトカゲに見られる形質の種間、および島間の違いが、自然選択で説明可能か目下奮闘中です。アメリカのグラント夫妻（Grant. P. R. と Grant, B. R.）はガラパゴス諸島のダーウィンフィンチを用いて、自然選択を野外で検出することを目指して研究を進めており、ダーウィンフィンチのくちばしの形質は自然選択で変化している事実を見つけています。

図　白化型と黒化型のオオシモフリエダシャク

第9章 自然選択では説明できない？

9.1 断続平衡進化説

エルドリッジとグールドは、化石の試料を基に、進化に関する重大な問題を提起しました。彼らが注目したのは、炭酸カルシウムの殻をもつ絶滅した節足動物である三葉虫の化石です。それらを丁寧に観察し、これらの種の形態は何百万年もの間、基本的に変化しなかったにもかかわらず、その後せいぜい数万年の間で大きな変化が生じたことを見つけました（**図9.1**）。彼らはこの事実から、「進化は、形態に変化が起こらない定常（平衡）状態にある長い時期と、この定常状態が中断され、急速な変化が起こる短い時期に分けられる」と考えました。この考えは断続平衡進化説と名づけられました。

断続平衡進化説は、ダーウィンの自然選択による進化理論とは相容れないように見えます。なぜならば、自然選択理論では、小さな変異が少しずつ蓄積することで進化が漸次的に進行するからです。そこで、進化は静止する（断続平衡進化説の見方）と考える学者と漸次的に進行し続ける（自然選択的見方）と考える学者の間で、大激論が交わされました。

断続平衡進化説では、何が平衡状態の中断、すなわち形態の急速な変化をもたらしていると考えているのでしょうか。エルドリッジとグールドはこれを、アメリカの遺伝学者ドブジャンスキー（Dobzhansky, T.）やアメリカの生物学者マイヤー（Mayr, E.）が提唱した、新種の形成理論と結びつけて考えました。つまり、急速な変化は、それまで広い面積に生息する大きな集団を構成していたメンバーの一部が、何らかの要因により小さい面積に隔離され、小さな集団になったときに起こると考えたのです。この

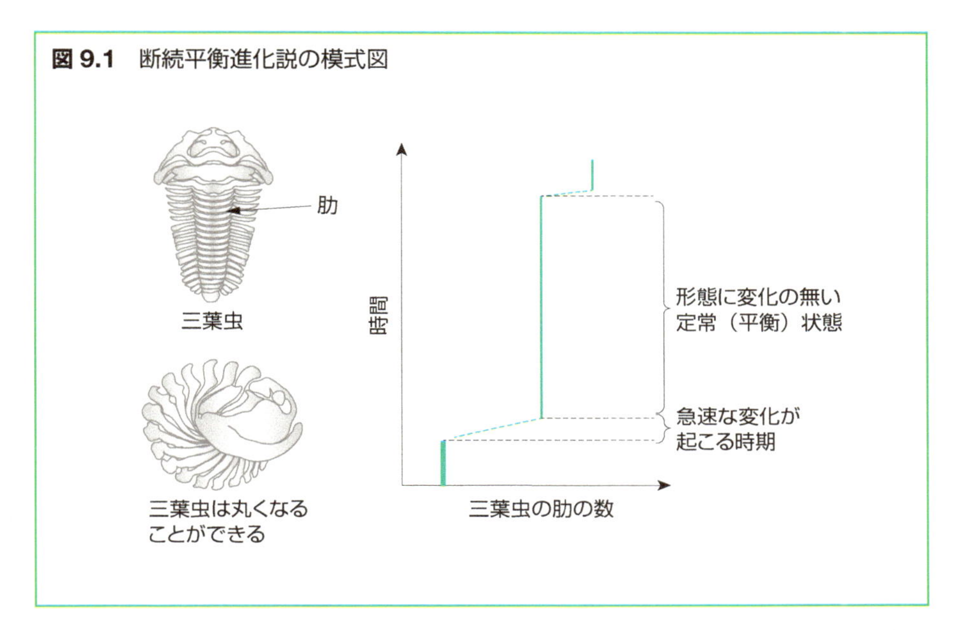

図 9.1　断続平衡進化説の模式図

考えは突然始まる急速な変化を説明すると同時に、ダーウィンや他の多くの古生物学者が疑問に思っていた、進化途中の形態の個体（進化の途中相と呼ばれます）の化石が見つからない理由も説明します。もしこの説が正しければ、隔離された小さい面積で、しかも急速に進化が起こることになります。ですから、進化の途中相の化石は限られた時間（地層）に限られた場所でしか形成されません。必然的に、私たちが進化の途中相の化石を見つけることは大変難しくなるはずです。

ただ一方で、自然選択による漸次的に進行する進化と断続平衡進化説の間には、じつは本質的な違いはないと考えることもできます。つまり、両者の間で異なっているのは時間スケールだけとも考えられるのです。断続平衡進化説でも、たった一世代で新種が生まれるとは考えていません。エルドリッジとグールドが発見した新種の形成は、早いと言っても数万年はかかっています。これは、数百万年続く平衡状態の期間と比べればずっと短いわけですが、それでもそれなりの長さの時間です。数万年の間に、生き物は数千から数万世代も送り出すことでしょう。自然選択による進化がこの短い間に急速に起これば（例えば地理的に隔離された小集団の進化など）、断続平衡進化説と自然選択説を融合させることも可能でしょう。

9.2 自然選択によらない進化：遺伝的浮動による進化

平衡推移理論

フィッシャーやホールデンの進化理論によれば、対立遺伝子の頻度変化——進化——の速度と方向は、自然選択だけで決まります。しかし、ハーディ＝ワインベルグの法則をよく見れば、自然選択以外にも、近親交配、移住、遺伝的浮動（つまり偶然の効果）が対立遺伝子の頻度の変化を引き起こすことがわかります。フィッシャーやホールデンの理論では、これらの影響はたとえあったとしても、ほんの二次的なものとして扱われているのです。この考えにライトは疑問を投げかけました。

ライトは、フィッシャーやホールデンが取るに足らないと考えた自然選択以外の要因が、場合によっては進化に大きく影響すると考え、それをやはり数学的に示しました。ここでは、ライトが提唱した平衡推移理論を紹介します（**図 9.2**）。

まず、彼は一つの種がいくつかの比較的小さな地域的な部分集団に分断されている状況を考えました。すると、それぞれの地域的部分集団では、個体数が小さいことに起因する遺伝子頻度の偶然的変動、つまり遺伝的浮動による遺伝子頻度の変動が起こります。さらに、この部分集団の中で、単独では不利だけれども、二つ合わされば有利となるような遺伝子の組み合わせが偶然に生じ、これが自然選択によって部分集団内に広がっていくこともありえます。

これはなかなかイメージが難しいのですが、例えば（実際の例ではありませんから注意してください）、右足だけ長いとか、左足だけ長いといった形質は、単独では不利でしょう。しかし、これら二つの形質が合わされば、通常の形質よりも両足とも長くなり、速く走れるようになるかもしれません。こうして偶然により生じた遺伝子の組み合わせをもつ部分集団は、他の部分集団より生存競争に有利となり、やがて周囲の部分集団を駆逐し、周りにこの形質が広がっていくでしょう。ライトは、このようにして進化が起こると考えました。

図 9.2　平衡推移理論を示す適応度地形

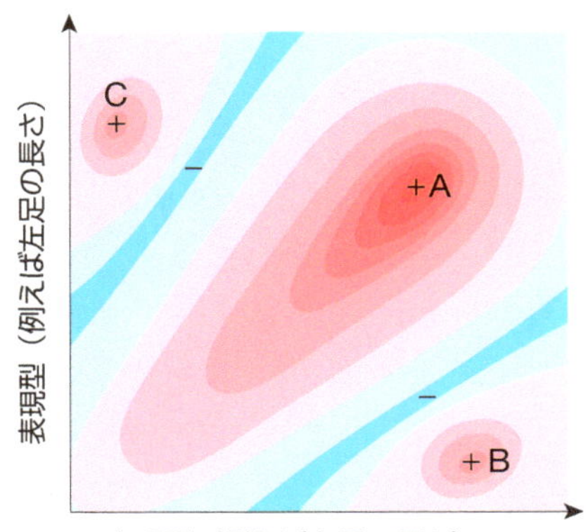

縦軸、横軸とも表現型を示す。
図中の＋は適応度の高い表現型の組み合わせを、−は適応度の低い表現型の組み合わせを示す。
表現型の組み合わせにより、適応度が地形のように表現できる。
自然選択により適応度が高い組み合わせのほうへと進化が進んでいく。
例えば、横軸を右足の長さ、縦軸を左足の長さとする。どちらかの足が長い組み合わせはバランスが取れず、適応度が低い。両足の長さが同じ程度の組み合わせの適応度は高いが、短い足の組み合わせは速く走るのに適応的ではない。
足がある程度長いと早く走れるが（A）、長すぎると骨折のリスクが高まり適応的でない。
両足のバランスが悪いと適応度は低いが、右足だけ長いある特定の組み合わせは、左にすばやく回れるかもしれない。この利点のため、その組み合わせの適応度が高い（B）。
左足についても同じことがいえる（C）。しかし、B や C の組み合わせの適応度は、A の適応度に比べれば劣っている。
A が自然選択された地域集団もあれば、B や C が自然選択された地域集団もあるはずである。
足の長さの例えは、実際の例ではないので注意すること。

フィッシャーとライトの違い

　この考えは、フィッシャーから激しい批判を浴びました。フィッシャーはもともと、遺伝子頻度の偶然的な変動を世界で初めて定式化することに成功した人でもあります。偶然の変動が進化に与える影響を十分考察していましたが、彼は最後まで、遺伝的浮動は進化には重要ではないという立場を取り続けました。フィッシャーは、ほとんどの生物の種では個体数は非常に大きいので、偶然の力が自然選択の力よりも大きくなるとは考えられなかったのです。だからこそ遺伝的浮動の効果など、理論の世界ならともかく、現実の世界ではありえない、と主張したのです。

フィッシャーもライトも厳密な数学を用いて自説を展開しています。少なくとも、数学の部分は両者とも正しいとしか言いようがありません。両者の見解の違いを生んだのは、数式を立てる前提、すなわち自然もしくは生物の見方の違いです。両者の前提の置きかたの違いは、二人の生物学のセンスの違いになりますから、どちらの見解が正しいかを理論的に判断することはできません。確かめるためには、どちらの前提が（具体的には、生物は十分大きな集団なのか、それとも小さな部分集団に分けられているのか、など）、自然もしくは生物によりふさわしいかを示す、実験や観察結果が必要となるのです。

9.3 分子進化の中立説

分子レベルの進化

集団遺伝学では、数理的な方法による遺伝子頻度の変化に関する理論研究が大きく進んだのですが、この理論を確かめるために遺伝子を観察することは、フィッシャーやライトが活躍していた頃はまだできませんでした。表現型の観察はできるけれども、表現型を支配している遺伝子レベルの研究が進められなかったからです。しかしそのうちに、DNAの塩基配列や、それにより決定されるタンパク質のアミノ酸配列を明らかにすることができるようになりました。そして分子レベルでの変異のデータが示されるようになると、驚くべきことがわかってきました。分子レベルでの変異のデータを集団遺伝学の数理理論に当てはめると、自然選択だけではとうてい説明できないのです。こうした例を二つ紹介しましょう。

タンパク質の分子進化

一つ目の例はタンパク質の分子構造に関するデータです。赤血球中に存在し、酸素を全身の組織に運ぶ役割をもつヘモグロビンは、動物が種を超えて広く共有しているタンパク質です。脊椎動物のヘモグロビンは、全部で４種の分子が複雑に連携した３次元構造をもちます。そのうちの１分子

である α ヘモグロビンは、たった 141 個のアミノ酸からできた小さなタンパク質です。

このアミノ酸配列を脊椎動物の間で比べると、なんと種間で配列が異なっていることがわかりました。例えばヒトはイヌとは 24 個、カンガルーとは 27 個、ニワトリとは 36 個、コイとは 68 個のアミノ酸配列の相違があります（**図 9.3**）。しかし、こうして種間でアミノ酸配列が異なっているにもかかわらず、すべてのヘモグロビンが酸素を運ぶ役割を十分に発揮しています。これは、アミノ酸配列の変異が、必ずしもタンパク質の機能低下を引き起こすわけではないことを示しています。もしアミノ酸配列の違いがヘモグロビンの機能の優劣と結びついているのならば、すべての種で自然選択により最適な配列に収束すると期待されます。すなわち、現実に見られる種間の変異は現れないはずです。したがって、α ヘモグロビンに見られるアミノ酸配列の種間の相違は、自然選択では説明がつかないことになります。

DNA の分子進化

二つ目の例は DNA の塩基配列の変異です。アミノ酸は、DNA におけ

図 9.3　α ヘモグロビンにおけるヒトとその他の生物の間で相異するアミノ酸の数

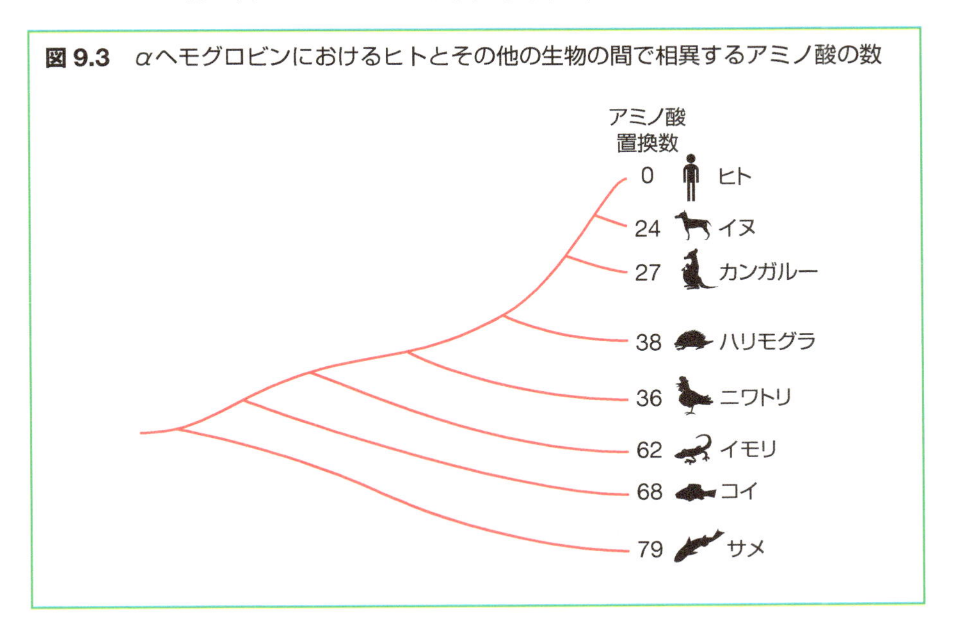

る連続する三つの塩基配列（コドン）により決定され、いくつかのコドンが同じアミノ酸を指定することを、第5.2節で確認しましたね。このことから、突然変異により塩基置換が起こっても、結局同じアミノ酸が指定される同義置換が起こる可能性があることがわかります。第6.2節で見たとおり、同義置換が起こったとしても、出来上がるタンパク質には影響はないはずです。

さて、実際に種間で同じタンパク質をコードしているDNAの塩基配列を見ると、同義置換が散在しています。ではこの同義置換はどのように蓄積してきたのでしょうか。同じタンパク質が作られるわけですから、自然選択が関与できるとはとうてい考えられません。

分子進化の中立説

分子レベルの進化を研究していた木村資生は、こうした自然選択では説明しがたい進化のしくみを考えました。ヘモグロビンで見られたアミノ酸配列の変異や、同義置換に代表される塩基配列の変異は、それをもつ個体に自然選択における有利さをもたらさない代わりに、不利さももたらさないと考えました。したがって、こうした変異は自然選択により積極的に選抜されることもなければ、積極的に排除されることはない、自然選択に対して中立な変異だと予想したのです。

中立とは、自然選択に関係ない偶然の、という意味合いです。自然選択に中立な変異が進化するしくみを説明するのに自然選択を持ち出すのは、論理的に矛盾します。木村はそう考える代わりに、こうした中立変異はたまたま集団内に広がったのではないか、と考えました。そして、アミノ酸やDNAの塩基配列に見られるこうした変異が、ライトが予想した遺伝子浮動による進化の実例だと考えました。

しかし、自然選択に中立な変異が、偶然に集団に広がっていくことなどあるのでしょうか。後に木村は数学を駆使してこの難問に挑戦し、自然選択に中立な変異が、偶然の力だけで集団に広がりうることを示しました（**図9.4**）。そして、分子レベルでの進化のほとんどは、遺伝的浮動による中立な進化の結果だと論じたのです。この考えは今日、分子進化の中立説と呼ばれています。

図 9.4 分子進化の中立説

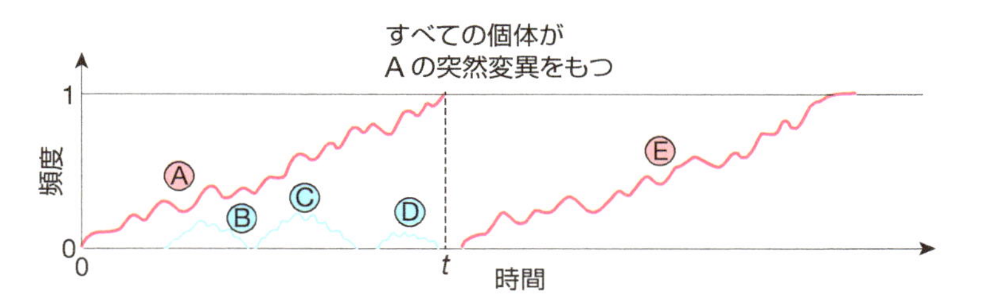

時間 0 では全く変異がない状態。やがて、中立な突然変異が散発的に発生する（A、B、C、D で示す）。
こうした中立の突然変異のほとんどは B、C、D のように偶然により集団から消滅する。
しかし、A のように偶然のみにより増えていき、やがて集団全体に広がることがある。
時間 t ではすべての個体が A という突然変異を持っているので変異が全くない状態である。
その後も E のような中立な突然変異が新たに出現し、広がってゆく。

分子進化の中立説の証拠

分子進化の中立説の正しさを示す事実があります。それは、使われなくなった遺伝子です。DNAの中には、遺伝子としての機能を失った偽遺伝子(ぎいでんし)が含まれます。偽遺伝子は、かつては機能していた遺伝子がコピーミスされたことで発生したものと考えられています。そのため、全体としては正常な遺伝子によく似ていますが、所々に塩基の挿入や欠失があり、活性のあるタンパク質を作れません。例えば、マウスのゲノムには、αヘモグロビンの偽遺伝子があることがわかっています。この偽遺伝子を詳しく調べれば、分子レベルの進化が自然選択に支配されているのか、中立な過程（偶然）に支配されているのか確かめることができます。

偽遺伝子はタンパク質を作っていないので、自然選択が働く余地はありません。ですから、もし自然選択が分子進化を進める主要因ならば、偽遺伝子に分子レベルの進化が現れるはずがありません。逆に、中立の過程が分子進化の主要因ならば、不利な配列が自然選択により排除されるという制約がない偽遺伝子は、急速に進化（塩基配列が変化していく）するでしょう。どちらの考えが正しいかを確かめるため、αヘモグロビンの偽遺伝子が徹底的に調べられました。その結果、中立説に軍配が上がったのです。偽遺伝子は機能遺伝子に比べ、急速な分子進化を見せたのです。これにより、分子進化の中立説の妥当性が矛盾なく証明されました。

自然選択説によれば、突然変異により生じた新しい塩基配列のうち、生存や繁殖に有利なものが自然選択により選抜され集団に広がり、一方、有害な突然変異は、やはり自然選択により除去されます。ここで気をつけるべきは、分子進化の中立説が自然選択説のこの部分を否定しているわけではない点です。分子進化の中立説が言いたいことは、こうした自然選択の作用以外にも、自然選択に中立な、偶然の要素により分子レベルでの進化が進んでいる、という点です。

表現型レベルの進化と分子レベルの進化

タンパク質のアミノ酸配列やDNAの塩基配列のデータが集まると、そこからは、中立の過程により進化してきたであろうものが非常に多く見つかります。表現型レベルの進化では自然選択が支配的に見えますが、分子レベルの進化では自然選択に中立な偶然的要素が支配的に見えます。では、こうした分子レベルの中立な進化と、表現型レベルでの自然選択による進化の間には何らかの関係があるのでしょうか。この二つの進化を取り持つ、いくつかの考えを紹介しましょう。

木村は、表現型レベルの進化と分子レベルの進化の間のギャップを埋めるには、私たちの一生よりもずっと長い時間スケールの視点が重要だと考えたようです。偶然による中立進化の過程は、我々の一生から見れば、まったく影響がないほどゆっくりとしています。しかし、地質年代の時間スケールで中立な過程により変異が不可逆的に蓄積してゆけば、やがては種の遺伝子組成に一大変化を起こしうるかもしれません。

例えば、イギリスの科学ジャーナリストであるコールダー（Calder, N.）は、こうした自然選択によらない些細な変化が数百万年にもわたって分子に蓄積されるならば、そのうちに、突如として重要なものが生じるかもしれないと論じています。彼はこれを、「今まで“ブタ（役なし）”のようだったポーカーの手札が、一枚入れ替わるとロイヤルストレートフラッシュの役を作る」とたとえています。トランプと違い、手札を捨てる必要がないDNAでは、手札が増える（変異が蓄積する）ばかりなので、もしかするとコールダーが言うように、いずれは極めて優れた組み合わせができるかもしれません。

しかし、トランプとDNAを全く同じようにとらえるわけにはいきません。トランプでは、52枚すべてを集めれば、その中にロイヤルストレートフラッシュが4組含まれていることが約束されていますが、DNAにそんな約束事はないからです。中立の変異がどれだけ集まれば優れた組み合わせが実現できるかは、闇の中です。

とはいえ、この考えは案外夢物語ではないかもしれません。目のレンズを作るタンパク質成分のクリスタリンデルタと尿素サイクルに関与している酵素のアルギニノコハク酸リアーゼはアミノ酸配列で60%くらいの相同性（つまり同じ配列ということです）をもっています。これは、両者には何らかの進化的な関係、つまり、どちらかがもう一方の原型になっていて、どちらかからもう一方が進化した可能性を強く示唆しています。

進化の安定期と激変期には何が起きるか

加えて、木村は中立な変異の進化的な意味を別の観点からも考察しています。木村は断続平衡進化説的な世界を想像しました。つまり、種が2種類の時期を経験すると想定したのです。すなわち、環境変化がおだやかで自然選択圧の低い長期の安定期と、環境変化が激しく表現型の最適値が急速に変化する短い激変期を経るというわけです。

そして木村は、進化が後者の短い時期に急速に起こると想定しました。すると、長期の安定した時期には、自然選択にほぼ中立で、些細な違いしか生まない変異がどんどん蓄積されていくことでしょう。一方、急速に進化が進む短い時期は、その種を取り巻く生息環境が劇的に変化します。この劇的な生息環境の変化の間に、長期的な安定期に蓄積された自然選択に中立な変異の中から、他の変異よりも生存・繁殖に有利となる適応度の高い形質が突如として現れるかもしれません。

すなわち木村は、急速な変化の時期にこうした有利な変異が選抜され、劇的な生息環境の変化に対応し、急速な進化が実現できる、と考えたのです。

少なくとも今までのデータでは、表現型レベルの進化を支配しているのは自然選択で、分子レベルの進化を支配しているのは中立な過程と言えます。この間を取り持つ理論が完成するには、まだ時間がかかりそうです。

9.4 これからの進化理論

進化理論は決して完結したお話ではありません。今後も、進化がどのようなしくみで進んでいるのか考えていかなければいけません。これからもダーウィンの“自然選択”を中心に置いた進化理論を洗練させ、調律していくことを続けていくことになるのでしょうか。それとも、それに代わる新しいアイデアが登場し、それが自然選択説を刷新するのでしょうか。今後の進化理論の行く末は、私自身も楽しみにしています。

ダーウィンの進化理論を含めて、すべての科学理論は絶対に正しいとは言い切れません。科学では、理論を反証（間違っていると証明すること）の試み（こころ）にさらすことが重要だと考えられています。幾度となく反証にさらされ、それでもなお、否定されなかった理論が（たぶん）正しい理論だと信じられます。つまり、「何が正しい理論なのか」ではなく、「何が間違っているのか」、「どこが間違っているのか」を明らかにすることのみが、科学を進歩させるのです。

私たちはこれからも、ダーウィンが言ったのだから間違いはないだろうとか、150年以上も正しいと信じられているのだから間違いはないだろう、という類の先入観をもたないようにして、進化および進化理論と向き合っていかなければなりません。

An Illustrated Guide to Evolution

第Ⅱ部

種は定義可能か？

私の家にはネコがいます。きっと、みなさんの中にもネコを飼っている人がいることでしょう。この“ネコ”は生物学でいう“種”に相当します。さて、私が飼っている、私がネコだと信じている生き物と、あなたが飼っているだろう、あなたがネコだと信じている生き物がどうして同じネコという種に属していると言えるのでしょうか？ この判断基準にもなるものが「種の定義」です。それでは、私たちは種をどのように定義すればよいのでしょうか？ そもそも、種とは何なのでしょうか？ こうした種にまつわるさまざまな問題は、種問題と呼ばれています。腰を据えて考えてみると、種問題に答えることはとても難しいことに気がつくでしょう。科学者の中には、種は本質的に定義不可能だという意見まで存在しています。“種（例えばネコ)”がいることは当たり前に思えてしまいますが、当たり前に思えてしまう種とは何なのかについて、考えを深めていきます。

第10章 種は定義可能か？

18世紀にスウェーデンの博物学者リンネ（Linnaeus, C.）が生物を命名・整理し始めてから250以上の間、生物学者たちはずっと種の記載を続けてきました。モーラ（Mora, C.）らによれば、今までに120万を超える種が記載されたそうです。リンネが『植物の種』という本の中で命名した植物は6000種にも満たないので、リンネ以降、記載された種の数は爆発的に増えてきたといえます。

生物学者たちは文字どおり数え切れないほどの種を記載し続けてきたわけですから、皆さんは当然、「(大半の生物学者が合意し、満足する）種の定義がある」と考えることでしょう。生き物のある個体を見つけたとき、それをまだ記載されていない新種に分類すべきか、すでに記載されている種に分類すべきか、そうだとしたらどの種に分類すべきかを判断する基準になるのが種の定義ですから、もし種の定義がないとしたら、種の記載などできるはずがない、と矛盾を感じることでしょう。しかし、本当に種は定義できるのでしょうか。ここでは、この本をさらに読み進めるために重要となる「種は定義可能か？」という問題について考えてみましょう。

種が定義可能かどうかを問題にすること自体に強く疑問を感じる人もいることでしょう。高校で生物を履修していた人は特にそうかもしれません。高校生物では、種の定義を「代々交配が可能な子孫を作り続けていくことができる個体の集合」と教わっていますし、まさか「種は定義できない（かも)」とは習わないからです。高校生物で習うこの種の定義は、生物学的種の概念と呼ばれ、私自身、素晴らしいと思います。

しかし、これはじつは、すべての生物学者が合意し満足している種の定義ではありません。現に高校生物では、「この定義以外にも種の定義はいくつかある」と含みのある説明を受けたはずですし、**表10.1**に示すとおり、

表 10.1 いろいろな種の定義

個体の特徴としての種（あらかじめ、種が与えられているという考え）	
類型学的種の概念	神の創造物として種をとらえる。神が作られた通りの形態を持つ個体を“原型”とし、この個体を種の代表とし（タイプ標本）、種名を与える。他個体がこの種に属するかどうかは、原型との形態的な類似性から判断される。
グループの特徴としての種（種と種の境界の明晰化）	
形態学的種の概念	外部形態を重視する。形態が同じならば同種、違えば別種と判断する。種とは、「他のそのようなグループから形が異なり、中間的な形態を持つものがほとんどいないグループ」と定義される。
生物学的種の概念	個体間の遺伝的な連続性を重視する。生殖的隔離がなければ同種、あれば別種と判断する。種とは、「他のそのようなグループから生殖的に隔離されている、互いに交配が可能な個体からなるグループ」と定義される。
生態学的種の概念	グループ間の競争の回避を重視する。競争の回避をいざなう生態学的な特徴が異なれば別種、そうでなければ同種と判断する。種とは、「他のそのようなグループのニッチとは異なる独自のニッチを持っているグループ」と定義される。
進化学的種の概念	グループの進化的な位置づけ（祖先から子孫に至る系譜）を重視する。種とは、「他のそのようなグループとは独立に進化し、共通の進化的な歴史と歴史的運命（進化的な役割と傾向）を持つ個体のグループ」と定義される。
系統学的種の概念	進化的な歴史を重視する。種とは、「共通祖先から生じた個体からなるグループ」と定義される。この概念では、種は系統樹上で枝先の集団を形成し、他の枝先からは区別される。

じつにたくさんの種の定義が存在するのです。それでは、種を定義することが可能なのかどうか、本章で一緒に探っていきましょう。

10.1 種は形で定義できるか？

まず、種が定義可能だという立場から考えてみましょう。すると、種を定義するためにまず着目するのは“形”でしょう。形態が類似しているものを同種、そうでなければ別種と考える立場です。ざっくり言えば、「種は、人間から見て類似した形態をもつ個体の群れ」という定義になります。これは形態学的種の概念と呼ばれる定義です。

この定義は粗削りですが、私たちの分類感覚に合っていて、なかなかの説得力があります。私たちは生き物を分類する場合、形で見分けがつかないものを別種と扱うのに躊躇するでしょうし、逆もまた気持ちが悪いでしょう。しかし、形だけに注目してしまうと、やっかいな問題が発生します。

似ているような、似ていないような……

イヌかネコのどちらかの個体をイヌかネコのどちらかの種に分類する、という作業を考えてみましょう（**図 10.1a**）。イヌとネコのように、両種の中間に位置するような、区別があいまいな個体が存在しない場合は、形態的な定義は問題なく機能します。私たちはイヌとネコの分類に悩むことはなく、さくさくと作業を進められます。

しかし、当然ながら、地球上にはイヌとネコ以外にもさまざまな生き物がいます。形態だけに注目して問題が生じるのは、比較的最近種分化したと考えられる近縁な種を分類する場合です。そのような種間では形態の差異の程度が小さいことが多いので、区別が難しくなりがちです。具体例として、ツシマヤマネコ、ベンガルヤマネコ、そしてイリオモテヤマネコの

図 10.1　形態で生き物を分類できるか

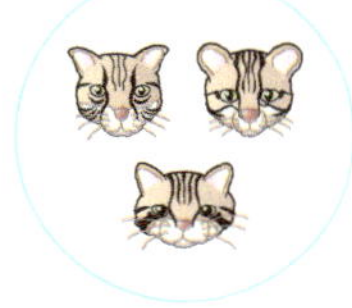

○でくくられた集合が一つの種。
(a) 形態の差異が大きいイヌとネコは別種と判断される。
(b) では、形態の差異がイヌとネコの間ほど顕著ではない、イリオモテヤマネコとベンガルヤマネコ、ツシマヤマネコは形態的特徴からだけで分類できるだろうか。これについては専門家の間で意見が分かれることもある。

関係を見てみましょう（**図 10.1b**）。

ベンガルヤマネコはネコぐらいの大きさのヤマネコで、東〜東南アジアに広く分布しています。また、対馬に生息するツシマヤマネコはベンガルヤマネコと同種で、ツシマヤマネコの正体は“対馬に住むベンガルヤマネコ”だと考えるのが一般的です。

さて、1967 年に西表島でオスのヤマネコが見つかりました。当然、「このヤマネコは何だ？」ということになります。発見からほどなくして、このヤマネコは新属の新種、イリオモテヤマネコであるという見解が発表されました。ネコ科で新種が発見されること自体がありえないと考えられていましたから、種レベルを超える属レベルの新発見だとすれば、まさに世紀の大発見に値します（本章末のコラム「生き物の分類」参照）。

西表島で発見されたヤマネコは新属の新種である、という見解の根拠は、形態でした。命名者によれば、例えばイリオモテヤマネコのもつやや短剣状の上の犬歯は、ベンガルヤマネコを含む現生のどのヤマネコとも異なり、かつて中国に分布した、化石としてのみ知られる最も原始的なヤマネコ、メタイルルス属の特徴と一致するそうです。そして、これがイリオモテヤマネコ新属説の根拠の一つです。

その一方で、眼窩の形態の特徴からは、イリオモテヤマネコはベンガルヤマネコと区別がつかない、という反対意見もありました。この考えでは、“西表島に生息するベンガルヤマネコ”がイリオモテヤマネコの正体だという見解です。形態が似ているか似ていないかの論争だけで、同種か新種かの議論に決着をつけることはできないでしょう。

生き物を形態で分類しようとして混乱が生じた例は、他にもあります。マレーシアからオーストラリアに広く分布するシキミモドキ科のシキミモドキは、形態の変異が著しいことで知られます。そしてシキミモドキを種としてどのように取り扱うかという点で、研究者の意見は必ずしも一致していません。30 種以上に細分する見解から、多様な変異を包含する 1 種にまとめる見解まであります。同じく変異の幅が大きいキク科のアキノキリンソウは、オオアキノキリンソウ、コガネギク、アキノキリンソウの 3 亜種（種より下の分類階級）に分ける見解が標準的です。しかし、それぞれの亜種の間で葉形の変異の様子が異なることもわかっており、かつて、これらはそれぞれ独立した種として扱われることもありました（**図 10.2b**）。

図 10.2　変化するものをいかに分類するか

(a)

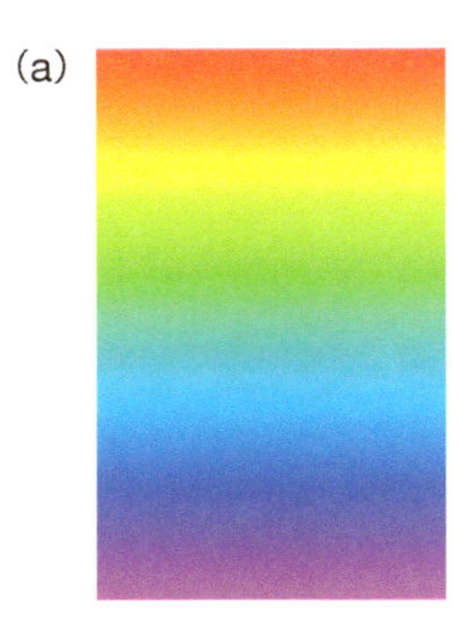

(b)

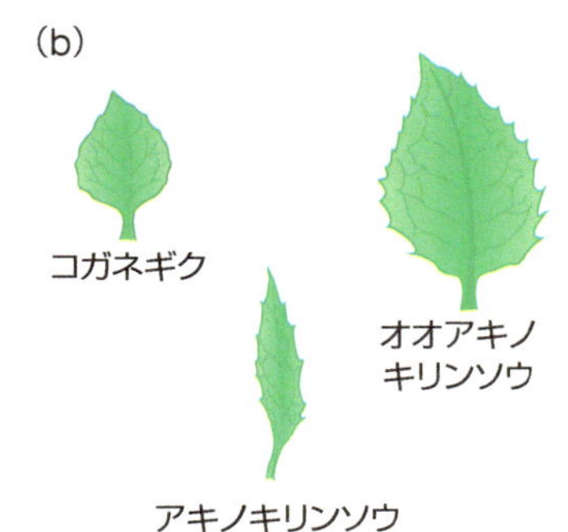

虹のスペクトル。連続的に変化するものの間に境界は引けない。日本では虹を 7 色とみなすが、アメリカでは 6 色とみなすことが一般的。

アキノキリンソウは変異の幅が大きく、アキノキリンソウ、コガネギク、オオアキノキリンソウの三つの種に分けられていたこともあった。
今は、同一種、アキノキリンソウとして扱われることが一般的。

このように、生き物を形態だけに頼って分類することには限界があるのです。

恣意的な線引き

イリオモテヤマネコの例のように、ある人にとっては大きく異なるように見える種間の違いも、別の人から見るとさほど違わないように見える場合もあります。友達の顔がみんな違うように、同種でも個体ごとに形質が少しずつ異なります。これを変異というのでしたね（第 3.2 節）。変異の幅が大きく、かつ連続的に変化する生き物の場合、中間的な形態をもつ個体が多数含まれるため、どこまでが同種でどこからが別種なのかを判断するのは難しくなります。

生き物ではありませんが、虹の色を例に考察しましょう（**図 10.2a**）。虹はアーチの外側から内側に向かって少しずつ色を変えますが、私たちはその中に赤・橙・黄・緑・青・藍・紫の典型的な七つの色の帯を見ることができます。では隣り合う色、例えば黄色と緑色、の間に誰もが納得する境界線を引くことは可能でしょうか。「ここは明らかに黄色だ」とか「ここは緑色だ」という部分を指し示すことはできるでしょうが、その境界となると決めかねてしまいます。

もちろん、例えば570 nmより長い波長ならば黄色、それより短ければ緑色と、約定（第1.2節）により区切ることは可能です。しかし、どうして境界の波長を571 nmにしてはいけないのか、という問いに答えることはできないでしょう。要するに、連続的に変化するもののどこかに境界線を引こうとすれば、その場所は恣意的になってしまうのです。先ほど虹は7色と書きましたが、それさえ恣意的で、日本の文化といってもいいかもしれません。欧米では6色とみなす地域が多いようです。考えてみれば当たり前で、境界が恣意的で、どこで区切ってもいいならば、その結果生じる虹の色の数も恣意的に変えられます。

種の定義はどうあるべきか――三つの観点

形態の類似性だけに頼って分類すると、連続的に変化する形質をもつ生き物の分類が困難になることを確認しました。種の定義には、形態の類似性に加えて別の基準が必要になります。ところでアメリカの生物哲学者ソーバー（Sober, E.）は、新しい種の定義が提案された場合、その定義は（1）明快さ、（2）理論的動機、（3）保守性の三つの観点から評価されなければならないと考えました。

例えば、「質量100 g未満と100 g以上の二つに生物を分類する」という種の定義が提案されたとしましょう。この定義は、明快さでは抜群に優れています。質量を量りさえすれば、誰でも生物を分類することができます。

しかし、なぜ100 gが基準になるのか（もっと言うと、なぜ質量が基準になるのか）に答える理論的動機はありません。それに、120万種以上も記載してきた種をたったの2種に分けるこの定義は、今までの分類体系を無視することになり、保守性という観点からも問題があります。

10.2 生物学的種の概念

明快で、理論的動機のある生物学的種の概念

ソーバーの評価方法を念頭に置いて、高校でも教えている生物学的種の概念を眺めてみましょう。生物学的種の概念としては、マイヤーによる「種とは互いに交配しうる自然集団の群れで、それは他のそのような群れと生殖的に隔離されている」という定義が一般的です。生殖的隔離の有無が同種かどうかの基準になりますから、“明快さ”は申し分ありません。

理論的動機はどうでしょうか。種の識別には形態的な特徴を用いることが多いのですが、ある二つのグループを別種とみなせるほどの形態的特徴の差異が維持されるしくみを考えてみましょう。

すべてが当てはまるわけではありませんが、形態的特徴は本質的に、遺伝子の支配を受けています。したがって、形態的な差異が維持されるためには、その設計図となる遺伝子が別の種の遺伝子と交ざらないことが重要です。遺伝子が交ざる機会は、交配時に限られます。もしイヌとネコが交配可能ならば、その交配により生まれる子はどこかイヌ的でどこかネコ的でしょう。このような遺伝子のシャッフルが繰り返されれば、イヌとネコの区別を可能にする形態的な差異は失われていくはずです。つまり、形態的特徴の差異を維持するには、生殖的な隔離が必要なわけです。

この考察から、生物学的種の概念の“理論的動機”も十分納得がいきます。だからこそ、高校でも種の概念として教えられているのでしょう。

生物学的種の問題点

生物学的種の概念は申し分なさそうですが、少しだけ問題点を指摘しておきます。それは、進化にかかわる問題です。

ここまでは、種の定義について共時的に考えてきました。つまり、同じ時期に存在している生き物の群れに対して、それを同種と考えるのかそれとも別種と考えるのか、別種と考えるのならばその境界線はどこに引けるのか、という問題設定でした。種の定義を考える場合、これに加えて通時的に通用するかどうかも考える必要があります。通時的と言っても、数万

年、もしくはそれ以上という、私たちの感覚からするととても長い時間スケールです。生物の一個体がこんなに長い時間生き続けることはできませんから、世代を更新することで、この間の命をつないでいくことになります。第I部で見たように、進化は、まさにこの世代の更新を繰り返す中で進む現象です。

ヒトの進化を考えてみましょう（**図 10.3**）。現生人類と絶滅人類を合わせた群れを指すホミニンの中でもっとも古い化石は、今のところ、約 700 万年前に生活していたサヘラントロプス チャデンシスです。その後、ラミダス猿人（アルディピテクス ラミダス）が 580 万年から 440 万年前に、420 万年前ごろにはアウストラロピテクス属の猿人が出現したと考えられています。私たちと同じホモ属の化石が出現し始めるのは、約 200 万年前の地層からです。私たちが原人と呼んでいるホモ エレクトスです。ネアンデルタール人（ホモ ネアンデルターレンシス）は 30 万年前頃に現れ、数万年前に絶滅しました。そして、私たちヒト（ホモ サピエンス）は約 20 万年前から現在まで生活しています。現生するホミニンは私たちだけです。ホミニンは複雑に分岐し、ある系統は絶滅し、別の系統は私たちにつながっていることがわかってきましたが、その全貌を明らかにするためにはまだ

図 10.3　現生人類と絶滅人類を合わせた群れを指す“ホミニン”の進化系統樹

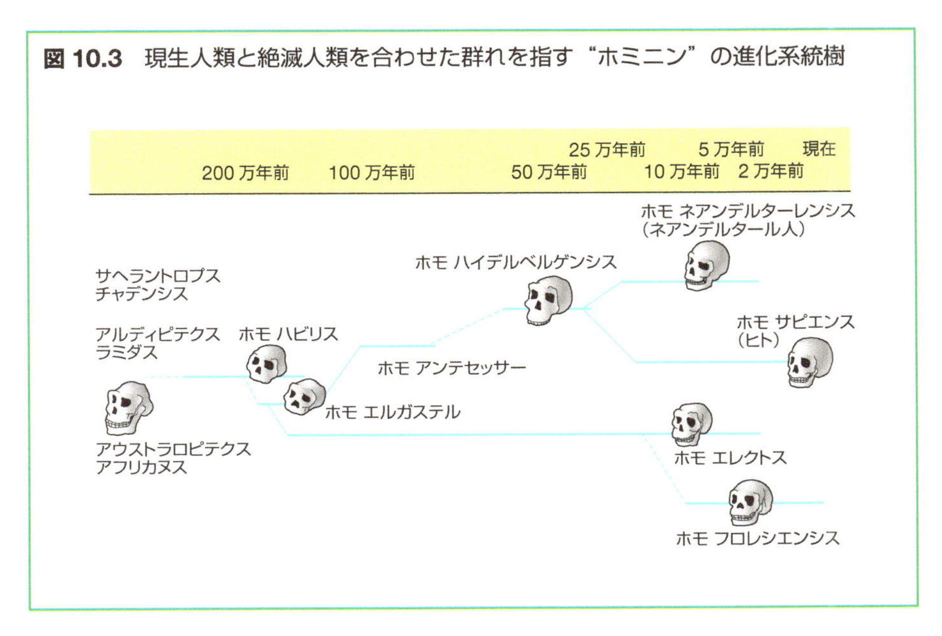

まだ研究が必要です。

さて、種分化（ある種が別の種に進化すること）には分岐進化と前進進化によるものがあります（**図 10.4**）。分岐進化による種分化とは、ある時点で一つだった種が二つ以上の種に分離することです。この種分化では、進化に伴い種数が増えます。例えば、**図 10.3** に示した、ホモ ハイデルベルゲンシスからネアンデルタール人とヒトへの分岐が当てはまります。この系統関係から、ネアンデルタール人がヒトに進化したのではなく、両者は別系統であることがわかります。ですから、私たちの祖先をいくら遡っても、ネアンデルタール人にはたどり着けません。

一方、前進進化による種分化というのは、世代の更新に伴い、種内で小さな変化が漸次的に蓄積されることで進む種分化です。変化が十分に蓄積されたときに種分化が完了したと考えます。この種分化では種数は増えません。**図 10.3** のホモ ハイデルベルゲンシスからヒトに進化した枝に注目してください。前進進化による種分化は、これにあたります。

さて、私のご先祖様を例に、ヒトからホモ ハイデルベルゲンシスにわたる系統を遡ってみましょう。私はヒトですが、父もヒトです。ホモ ハイデルベルゲンシスではありません。祖父は、私が生まれた時にはすでに死ん

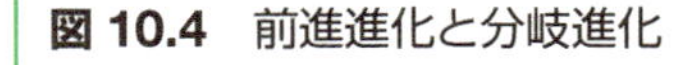
図 10.4　前進進化と分岐進化

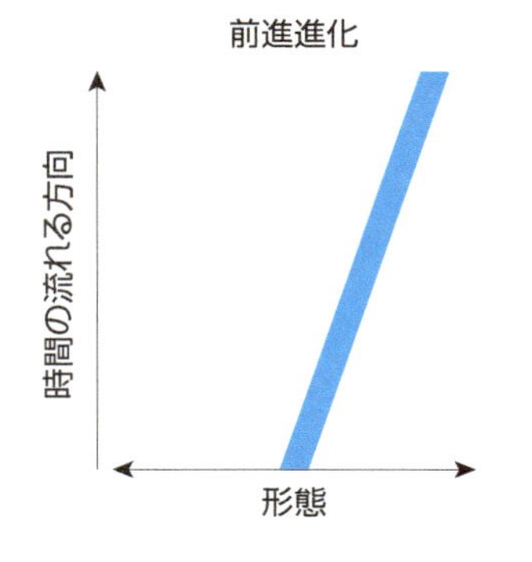

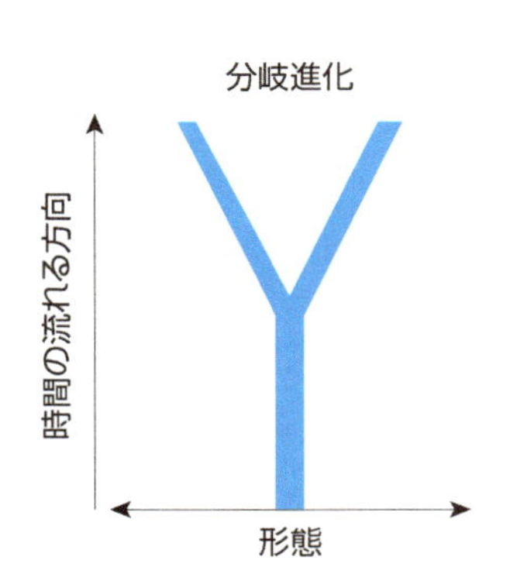

前進進化では種内の変異が世代間で固定され、世代を継ぐに従い少しずつ加算されることで進化が進む。前進進化では種数は増えない。
分岐進化とはある時点で一つだった種が二つ以上の系統に分離することを呼ぶ。
この進化では、進化に伴い種数が増える。

でいたので会ったことはありませんが、遺影に写る祖父はヒトです。しかし、1世代ずつ祖先を遡る作業を何千回と繰り返せば、やがてはホモ ハイデルベルゲンシスにたどり着くはずです。

では、私のご先祖様の誰と誰の間に、ホモ ハイデルベルゲンシスとヒトの境界線を引けばよいのでしょうか。数十万年の時間を隔てて生きた個体同士で典型的な形態を比べれば、ホモ ハイデルベルゲンシスとヒトは区別可能です。しかし、直近の世代（つまり親子）の間に2種の境界線を引くことは、どの世代をとってみても不可能でしょう。

さらに、今となっては調べる術はありませんが、ホモ ハイデルベルゲンシスとヒトの間には生殖的な隔離があると想定できます。しかし、いかなる直近の世代の間においても、生殖的隔離を想定することは矛盾します。前進進化によって生じた新旧の種について通時的に考えると、生殖的隔離という明確な区切り方でも、明快に種の境界線を引くことができないのです。

私たちと比べて丈夫な骨格をもっていたネアンデルタール人は、ヒトとは別種と考えられています。当然、生殖的にも隔離されていたと期待されます。しかし、グリーン（Green, R. E.）らの得た研究成果はこの考えに否定的です。彼らは、クロアチアで見つかったネアンデルタール人の骨からDNAを採取することに成功しました。このDNAを解析すると、非アフリカ系の現代人のゲノムの最大3%はネアンデルタール人由来であることがわかりました。この事実を最も合理的に説明しようとすれば、我々ヒトは、アフリカを出た後に現在のヨーロッパに移動し、そこでネアンデルタール人と混血していたと考えるべきです。

すなわち、私たちとネアンデルタール人の間に生殖的隔離はなく、生物学的種の概念に則れば同種の生き物ということになります。しかし、これはヒトとネアンデルタール人は別種であるという従来の考えと真っ向からぶつかり、保守性の観点から問題があります。こうした例は他の多くの生き物の間でも知られており、生物学的種の概念の保守性がしばしば問題視されてきました。この問題については、後でじっくり考えることにします。

10.3 構成メンバーで種を定義する？

こうして考えてみると、種を定義することは大変難しいですね。ただし、困難であることと不可能であることは異なります。困難を承知で立ち向かい、その先に光が見えてくることはあるでしょう。しかし、そうした努力とは別に、種を定義することは土台無理だという考えもあります。

これまでの考察では、種の定義をまず考え、それが生き物を分類するときに有効かどうかを確かめてきました。定義によって種をうまく括(くく)れるか、という視座です。ここからは、逆の視座に立ってみます。何らかの方法で種を分けた場合、その結果としての“種”、すなわち、イヌやネコといったものは定義可能か、という問題を考えてみましょう。

種の内包的な定義は可能か？

種は生き物の種類だと考えている人がいるかもしれませんが、多くの生物学者はそうは考えていません。種類（自然種、a natural kind）と考える場合、種類の構成員がその種類を定義する性質を共有していなければなりません。つまり、その構成員の性質を必要かつ十分に述べることで定義できる集団を種類と呼ぶ、ということです（これを内包的な定義といいます）。例えば「円とは定点からの距離が等しい点の集合である」とか「金は79個の陽子を核にもつ元素である」という定義が当てはまります。生物学者は、生物の種にはこうした内包的な定義をなしえないと考えています。

生物の種が内包的に定義可能かどうかという問題は、次のように言い換えられるでしょう。イヌ個体に共通で、イヌではない生物の個体はもっていないようなイヌ独自の性質があるのか、ネコならばネコ個体にだけ共通する性質はあるのか、という問題です。いわば、“イヌをイヌたらしめる本質”や、“ネコをネコたらしめる本質”があるか、ということです。

生き物の内包的な定義に必要なその生き物の本質、例えばイヌ性を明らかとするためには、私たちがイヌと呼んでいる集団はどんなものか、できるだけ具体的に研究、整理を進めなければなりません。そして、まるで、星々の位置を一個一個描けば、全体として渦巻き状の銀河系になっているとわかるように、イヌに対する多角的な知見が蓄積されていけば、やがてはイヌ性を明らかにできるだろうと期待されます。これは生物学者たちが今まで、さまざまな種に対して行ってきた研究アプローチです。

では、この研究アプローチの先にイヌを内包する、イヌ性とも呼ぶべき性質にたどり着くことは可能でしょうか。残念ながら、それは不可能です。なぜならば、次の段落で説明するように、そもそもイヌ性と呼べるイヌの本質など論理的に存在しえないからです。つまり、静的な内包の定義は、進化という動的な概念にそぐわないのです。

例えば、仮に先ほど説明したような研究アプローチで、現生するイヌの本質（イヌ性）にたどり着けたとしましょう。これを用いれば、内包的にイヌを定義することができます。しかし一方で、イヌは将来イヌとは違う種に進化することでしょう。イヌをイヌたらしめるイヌ性は本質的でなければならず、だからこそ不変かつ永続的でなければなりません。しかし、イヌが前進進化することを考えれば、進化に伴いイヌの本質も変化して、何らかの別の種への進化が完了した段階で、イヌの本質は新しい種の本質へと変化しているはずです。この思考実験から、不変で永続的なイヌの本質など、進化を前提に置けば論理的にありえません。つまり、進化を考慮すれば、種を内包的に定義することはできないということです。

種は実在するのか？

私たちは自然種や生き物の種以外にもいろいろな類（クラス）を与えて、それを知的活動の前提にしています。類とはいろいろな種類にあたり、そこに属する要素の集合を指します。類という用語が登場しましたが、難しく考える必要はありません。例えば、私が年に一度程度の頻度で発する「今朝、乗っていた電車がシカとぶつかっちゃったせいで、大学に遅刻しちゃったよ」という愚痴について考えてみましょう。出てきたシカは生き物の種で、類の一つと考えてください。電車は自然種ではありませんが、やはり類の一つです。私の愚痴が相手に通じれば、その人は「そりゃ大変じゃったのぉ」と慰めてくれるかもしれません。

しかし、この人は、私が乗っていた電車を見たわけでも、轢かれたシカを見たわけでもありません。電車っていえばあんな感じの乗り物で、シカっていえばあんな動物だったな、と何となく連想しながら、私の愚痴を理解してくれたわけです。では、この会話を成り立たせている、類という曖昧模糊としたものの正体は何なのでしょうか。

類は実在している（ここでは、実際に存在している、程度に捉えてください）、と考える立場があります。もちろん、類を構成する個体そのものは存在します。例えば、わが家には「ネコ」という類に含まれ、「ネコ」という類を構成する個体であるチーちゃんがいます。わが家にネコのチーちゃんが実在していることは確かです。もし、実在しないチーちゃんを妄想して、チーちゃん、チーちゃんと家の中を徘徊しているのならば、私はこの本を書く前に病院へ行くべきでしょう。しかし、ネコの個体が実在していることと、ネコ個体の集合からなる、象徴化されたネコという類が実在していることとは、分けて考えなければなりません。もし類が実在するのならば、類に対して内包的に定義をすることが可能です。たとえ今はできなかったとしても、いつかは内包的に定義することが可能になるはずです。

その対極の考えをもつ人もいます。「類は名前（象徴）としては存在するけれども、それ以上の意味はない。類は、我々が創造した類に対して与えた名前にすぎない」と考える立場です。この考えは唯名論と呼ばれています。この立場に立ってしまえば類を定義する必要はなくなります。生き物の種を唯名論的に考える人もいます。例えば、ダーウィンは『種の起源』の中で、「種とは互いによく似た個体の集まりに対して任意に与えられた便宜的な呼び名である」と記していて、種に対して唯名論的な立場をとっていたことがうかがえます。

10.4 進化を踏まえた種の定義

上で述べたとおり、進化というアイデアは、自然種としての種の内包的な定義を不可能にしてしまいました。しかし、進化の考えが定着した現代では、種に何らかの定義を与えるとき、そのヒントになるのもやはり進化です。

アメリカの古生物学者シンプソン（Simpson, G. G.）は、種を「他の系統から別個に進化してきた祖先から子孫へ連なる系統で、それ自身の独自の進化的な役割と傾向をもっている」と定義しました。進化学的種の概念と呼ばれるものです。種とは進化的な系譜であり、他の進化的な系譜とは異なっている、という点に異を唱える生物学者はほとんどいません。ここまで合意できるのならば、進化的系譜をうまく捉えることさえできれば、種を定義することができるはずです。

通常、進化的系譜は系統樹で示されます。系統樹とは、共通祖先から進化した生き物の群れを一つの分類群（本章末のコラム「生き物の分類」参照）にまとめ、それらの進化的な関係を図式化したものです。系統樹は古生物学的な証拠やさまざまな形質の数量値、DNAの塩基配列やタンパク質のアミノ酸配列などから作られます（**図10.3**）。いくつかの群れについて同種かどうかの判定をしたい場合、何とかしてそれらの群れについて系統樹を描けばよいのです。そうすれば、群れの間の進化的系譜が明らかになり、進化学的に種を分けられます。系統樹により、共通祖先をもつ群れが一つの枝先として表されるので、この系統樹の枝先それぞれを種とみなせます。この考えは系統学的種の概念と呼ばれるものです。ただし、系統学的種の概念を用いる場合には、

(1) 信頼に足る系統樹が描けること

(2) どこまでを種に該当する枝先とみなすか、共通認識ができること

という前提を満たさなければなりません。系統学的種の概念については、第15章で詳しく紹介します。

10.5 それでも種を定義する

種を分ける必要性

ここまで、種の定義がとても困難であり、生物学者の間でさえいまだに混乱していること、さらには本質的に種の定義が不可能（進化を考えれば、種を内包的に定義することは不可能）であることを見てきました。しかし（矛盾していますが）、種を分類することは必要です。私たちは複雑な対象をうまく整理できたとき（分けられたとき）、その対象を理解した（わかった）と感じるようです。生物学は複雑な生物の理解を目指していますが、そのためには生物を分類するアプローチが重要な役割を果たすでしょう。

別の視点からも、種の定義が求められます。現代は大量絶滅の時代で、

生物多様性が日々失われています（第Ｖ部参照）。この問題は“種の損失”と呼ばれることがあるように、種は生物多様性の根幹となる概念でもあります。したがって、生物多様性の減少という問題と対峙するためには、種を分類し、それぞれの種の絶滅のおそれを評価し、監視しなければなりません。それに加えて、こういったレベルとは違いますが、私たちが生活する上でももちろん、イヌやネコなど生物を呼び分ける必要があります。これも大切なことです。

種の概念のパラダイム

ここまで考えを深めてきたとおり、種の定義もしくは概念化は困難で、現時点では完璧なものを作るのは不可能です。しかし、少なくとも同時代の生物学者が妥協できる、彼らにとっては標準的といえる種の概念を決めておくことは可能ですし、必要です。こう割り切れば、ある期間だけでも受け入れられる種の概念さえ作ればよいことになります。この視座に立ち過去を振り返ると、私たちは時代とともに標準的な種の概念を何度も作り変えてきた、とみることができます。

科学の進歩を説明する考えに、アメリカの科学哲学者クーン（Kuhn, T. S.）のパラダイム理論があります。パラダイムとは、ある科学的な現象・事柄を説明する考えのうち、ある同時代の科学者たちが正しいと信じている規範的な考え方です。パラダイムは（通時的に）必ず正しいわけではありません。時に古いパラダイムが新しいパラダイムに刷新されることがあります。クーンはこのパラダイムの変換を科学革命と呼びました。天文学においては、かつて天動説がパラダイムでしたが、それがコペルニクスによって地動説という新たなパラダイムに変換されたのがよい例です。

さて、これになぞらえると、種の概念のパラダイムも刷新され続けてきたといえます。その時代の生物学者集団がどういった知識をもち、何を信じていたかで、標準となる種の概念が劇的に変わってきたのです。次章からは、生物学者の間で標準となる種の定義の変遷の歴史を学ぶと同時に、なぜパラダイムの刷新が起こったのかを考えていきましょう。

column 生き物の分類

生物の分類は、似た種を集めて属が作られ、似た属を集めて科が作られていく、といった具合に階層的に行われます。例えば、チンパンジーとボノボはよく似ていますが、それぞれ独立した種です。これらよく似た種が集められ、チンパンジー属が作られます。チンパンジー属とそれによく似たゴリラ属、オランウータン属、そして私たちヒトが含まれるヒト属は集められ、ヒト科を作ります。ヒト科はオナガザル科などとともに上位のサル目を作ります。こういった感じで、さらに上位の、大きな分類群（ある階級に属する生物の群れのこと）が作られていきます。

現在、一般的に使われている分類階級は、上位から「ドメイン」「界」「門」「綱」「目」「科」「属」「種」です（下図）。ヒトの分類学的な位置は上位分類群

図　階層的な分類体系

ドメイン　バクテリアドメイン　アーキアドメイン
真核生物ドメイン
界　植物界　菌 界　……
動物界
門　環形動物門　節足動物門　……
脊椎動物門
綱　爬虫綱　両生綱　……
哺乳綱
目　食肉目　げっ歯目　……
サル目
科　オナガザル科　メガネザル科　……
ヒト科
ヒト属　チンパンジー属　オランウータン属　ゴリラ属
ヒト　チンパンジー　ボノボ　オランウータン　ゴリラ

から、真核生物ドメイン、動物界、脊椎動物門、哺乳綱、サル目（霊長目ともいいます）、ヒト科、ヒト属、ヒトになります。階層的な分類はリンネにより始められました（第 12.2 節参照）。

An Illustrated Guide to Evolution

第Ⅲ部 変わりゆく種概念

私たちは120万種を超える生物を記載してきました。種を記載するためには、まずは種が定義されていなければいけませんが、第Ⅱ部で学んだように、種は本質的に定義できないものです。しかし、たとえ本質的に種が定義できないものであったとしても、種を記載していくことは必要なわけですから、(矛盾しているのですが) 何らかの定義を与えなければなりません。とはいえ、そもそも定義できないものを (無理やり) 定義するわけですから、どのような定義を与えたとしても、いつかは必ずほころびが生じます。種の定義の歴史を振り返ると、私たちは (標準的な) 種の定義を時代とともに変更してきたことに気がつきます。第Ⅲ部では、時代とともにどのような種の定義が作られ、それがなぜ別の種の定義に変更されたのかについて考えていきます。

第11章 学問以前の種

11.1 言語と生き物の種

これから種の概念とその変遷について概観していきます。のちに詳しく説明しますが、生物を対象として研究を始めたのはアリストテレス（Aristoteles）だといわれています。しかし、アリストテレスが生物の分類に関する研究を始める以前から、イヌやネコが地球上にいたわけですし、それらは日常の中で私たちに区別され、呼び分けられていました。アリストテレス以降、イヌやネコが学問の対象となっただけです。

それでは、人間が日常的にイヌやネコを区別し始めたのはいつからでしょうか。残念ながら、その正確な時期を特定する術はありません。しかしそれを考えるヒントはあります。言語です。

イヌやネコの区別と言語は、一見何の関係もなさそうに思えるかもしれません。イヌもネコも私たちが名づけていようがいまいが、それとは関係なくこの世には存在するからです。この考えに対して、言語学者ソシュールは異を唱えています。彼によれば、確かにイヌやネコは、私たちが区別し、呼び分ける前からこの世にはいたのだけれども、それらはイヌやネコとして存在していたのではなく、何となくそこにいる、曖昧模糊とした存在にすぎなかった、というわけです。つまり、私たちがそれらにイヌやネコと名前をつけない限り、私たちにとってはイヌもネコも存在しないも同然だという考えです。この考えによれば、イヌやネコが言葉により呼び表されて初めて、イヌやネコが私たちに認知された存在となります。

こう考えると、そもそも言語を使用しなければ、名づけるということ自体不可能ですから、私たちがいつ頃から言語を使い始め、イヌやネコをはじめ、さまざまな生き物の種を名づけ始めたかが、学問以前の生き物の種の分類の開始のカギになります。それでは、私たちの祖先が言語の使用を開始した時期を考察してみましょう。

11.2 言語能力の獲得

私たちの祖先が言語能力を獲得した時期についての議論は、想像の域を出ることはできません。というのも、言葉は化石に残らないので、化石の証拠に基づいて考えられないからです。もちろん書物は残りますし、読み書き能力も言語能力の一部ですが、その記録は遡れてもせいぜい5000年前までです。私たちが言語を使用し始めたのは、これよりずっと前だと考えるほうが普通でしょう。ですから、言語能力の獲得時期については、化石や書物といった直接的な証拠ではなく、間接的な証拠に基づいて考えるしかありません。

発音能力の獲得

言語を操るためには、さまざまな音声を発する能力が必要です。私たちは高度な発音能力をもっていますが、それはいつ獲得されたのでしょうか。発音能力は言語能力の発達の制限となりえますから、発音能力の獲得は言語能力の獲得を考える上でヒントになるはずです。そこで言語学者は、我々と類人猿の発音能力を比べたり、我々と他の絶滅したホミニン（第10.2節）の骨格を比較することで、これらホミニンが、どの程度の発音能力を有していたかを類推してきました。

それでは、私たちが声を出すしくみを見ていきましょう（**図11.1**）。肺から出た空気が喉頭にある声帯を通過するときに、声が作られます。このとき、声帯を通過する空気の量を調節すれば、声の大きさと高さを変えられます。声帯を通過した空気は、その後、喉頭から唇まで伸びる声道を通過します。ここで私たちは、舌や唇を動かすことで声道の形を変化させ、さらなる音の調節をしています。普段何気なく出している声も、複雑な過程を経て、生み出されているのです。

チンパンジーは、解剖学的な特徴や舌の運動機能の低さのせいで、うま

図 11.1　ヒト、チンパンジー、ネアンデルタール人の発声器官の比較

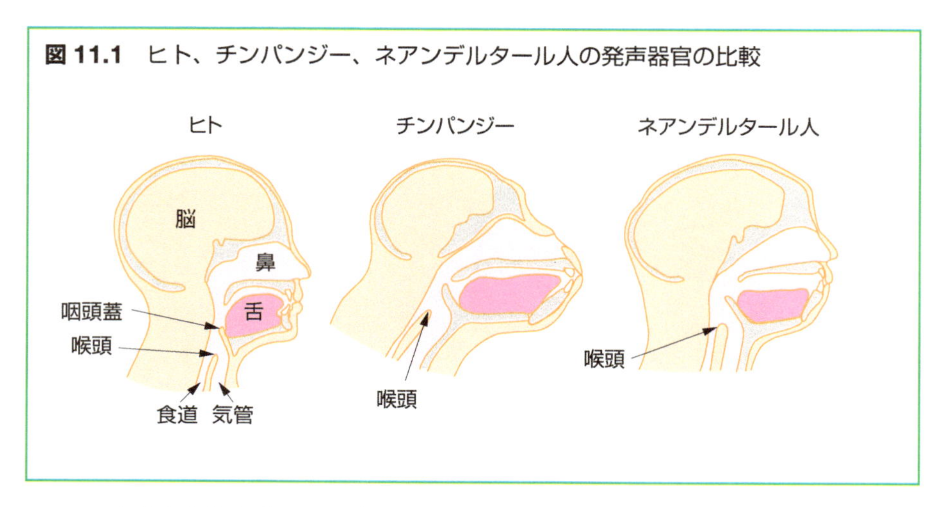

く音声を出し分けることができません。チンパンジーは肺から声帯に至る下気道が斜めになっていて、声道が短く、同時にチンパンジーにとって唇や舌の細かな動きは難しいため、多様な音声を作れないのです。そのため、チンパンジーは「ボボッ」というような、喉頭を使った単純な発音しかできません。それに対して、ヒトは直立二足歩行により垂直な下気道が形成され、それに伴い喉頭が下降しました。この形態的な変化により、声道が長くなり、広い音域の音声を出せるようになりました。どうやら直立二足歩行の獲得が、私たちの高度な発音能力の向上のカギになっていたようです。

絶滅してしまったネアンデルタール人は、宝石や羽根で身体を飾るなどの文化をもち、集団で社会的な生活を営んでいたようです。これを言語抜きに行うのは難しいので、多少なりとも言語を使っていたことが予想されます（ただし、この点は専門家の間でも意見の一致をみていないようです）。6 万年前のネアンデルタール人の舌骨を見ると、ヒトの舌骨とよく似ているので、彼らも舌を使って器用に調音できたようです。

しかし一方で、声道の形状はヒトと異なっていました。このために、現代人には発音できてネアンデルタール人には発音できない母音がある、という研究者もいます。流暢に話すようになったのは私たちヒトが初めてだ、という考えが一般的なようです。ネアンデルタール人は約 30 万年前に、ヒトは約 20 万年前に現れたので、言語の獲得は数十万年前の祖先に起きた

出来事だったと考えられます。

ヒト以外の動物の音声コミュニケーション

ヒト以外の生き物が言語によるコミュニケーションを行っているかを観察することも、答えのヒントになるでしょう。少なくとも音を用いたコミュニケーションは生き物の間では一般的で、至るところで見つかります。クジラの歌、鳥のさえずり、カエルの合唱、虫の声など、例を挙げればきりがありません。では、こうした例は言語にあたるのでしょうか。これを考えるには、言語とは何なのか、すなわち言語を明解に定義することが必要になります。しかし、そこまで考えるのは本書の主旨を超えるので、ここでは深く触れないことにして、動物の音声によるコミュニケーションの例を一つだけ紹介します。

ベルベットモンキー（サバンナモンキー）はアフリカのサハラ砂漠の南に位置するサバンナで、群れを作って生活をしています。彼らは独特な鳴き声を発することで知られていました。ベルベットモンキーの声を詳細に解析したセイファース（Seyfarth, R. M）らは、ベルベットモンキーが遭遇した捕食者の種類に応じ、決まった警戒コールを発することに気がつきました（**図 11.2**）。ヒョウの場合は「ゲオッ」、大型の猛禽類の場合は「キョルッ」、ヘビでは「グガガッ」という音を、それらの脅威に最初に気がついた個体が発します。

さらに面白いことに、警戒コールを聞いた同じ群れの他の個体たちが、コールの種類に応じた特定の行動をとることがわかりました。ヒョウの警戒コールを聞いた群れの他個体はいっせいに木に駆け上がり、猛禽類の警戒コールを聞くと全員が空を見上げ、ヘビの警戒コールでは後ろ足で立ち、周囲を見渡すのです。ベルベットモンキーは3種類の音声を発し分け、それらの警戒コールを聞き分けているのです。

これを言語と呼ぶのは短絡にすぎますが、警戒コールが私たちの単語にあたると考えてもよいでしょう。ベルベットモンキーにとっては、生死を分ける捕食者の情報は重要で、それらを区別する利点は明らかです。ですから、こういった習性が進化してきたのは納得できます。

図 11.2　ベルベットモンキーの警戒コールとそれを聞いた他の個体の行動

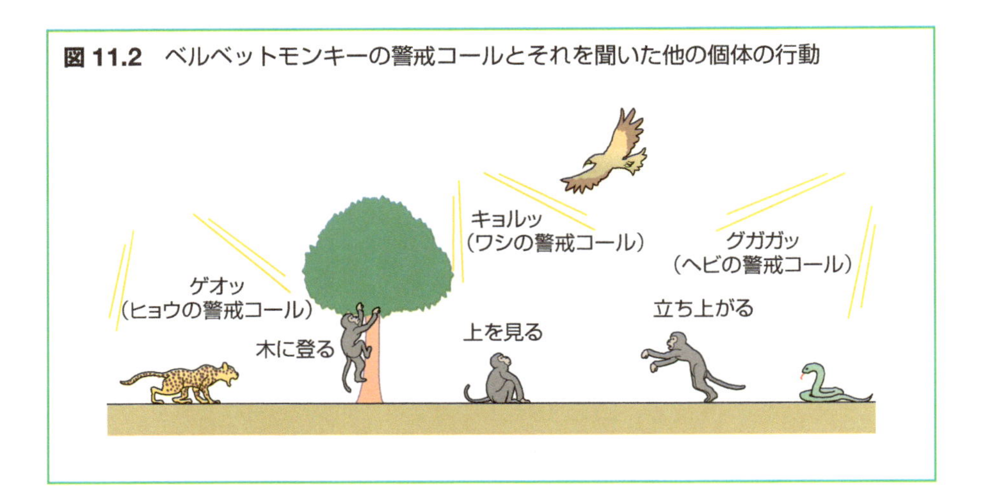

11.3 世界を分類し、名前を与える

さて、我々は言語能力を獲得して以来、身の回りにあるものを必要に応じて区別し、名前を与えてきました。さまざまな生き物を食料として利用してきましたし、ライオンやオオカミなどの大型の獣の脅威から生きのびるため彼らを区別し、呼び分ける必要は高かったはずです。だからこそ、言語能力の獲得初期から生き物に名前をつけて、呼び分けていたはずです。生き物を分類するという営みの基盤は、こうした太古の祖先の知的活動の中で生まれてきたと考えるべきでしょう。

当時行われていた生き物の種の異同の識別はもちろん、生き物の形態的な特徴によるもの、つまり形態学的種の概念を用いていたことに間違いありません。もっとも、この時点では学問として生き物の種を扱っていたわけではなく、あくまで日常生活での必要に応じた区別にすぎませんでした。

第12章 ダーウィン以前の種：静的な世界観とリンネの活躍

12.1 アリストテレスの種と自然観

自然に関する体系的な観察と思弁は古代ギリシャから始まったようです。生き物を対象とする学問を初めて確立したのはアリストテレスだといわれています。彼は、太古の祖先が自然発生的に名づけてきた動物の種を初めて学問的に扱い、体系づけてまとめたのです。この中でアリストテレスは、「種とは他の種に属する個体とは異なる、似た個体のグループ」として扱っていました。やはりアリストテレスも形態学的種の概念を用いたわけですが、それに加えて彼の種の見方には、その当時の自然観が如実に表れていました。

生き物の「理想のすがた」

私たちが、類の創出と言葉による抽象化を行っていることは、第10.3節で確認したとおりです。この象徴化により、目の前にないものを話題にしたり、抽象的な事柄や、想像上の事柄についてさえ話したりすることが可能になりました。古代ギリシャ人たちはこの類とはいったい何であるのかを考察し、形相（プラトン〔Platon〕の言うイデア、もしくはアリストテレスの言うエイドス）という概念で説明しようとしました。形相の考えはかなり抽象的でわかりにくいので、具体例として「机」を用いて説明します。

私は今、机を使ってこの文章を書いていますが、私の目の前にある机が唯一無二の机というわけではありません。となりの実験室にもたくさんの机があるように、世の中には数え切れないほどの机があります。これらすべての机を含んだ集合が机の類ということになります。さて、プラトンやアリストテレスの考えた形相を机に当てはめるとどうなるでしょうか。彼らによれば、机の形相とは、“これぞ机”と呼べるような標準的・理想的な机の形態となります。では、どこに行けば机の形相を見られるでしょうか。プラトンによれば、残念ながら私たちは机の形相を見ることはできません。プラトンは、あらゆる形相は私たちが生活している世界にはなく、それとは別の“永遠の世界”に存在していると考えました。それでは、私の目の前にある机は何なのでしょうか。現実世界の机は、机の形相に近いものではあるけれども、形相になりきれなかった不完全なコピーだとされました。

さて、この形相の考え方を生き物の種に当てはめれば、アリストテレスが種をどのように見ていたか推測できます（**図 12.1**）。アリストテレスの先生だったプラトンは、著書『国家』で、「本当のヒト、ウマ、マツなどは永遠に変化しない理想的な存在である。私達が目にしているのは、それらの薄い影にすぎない」と言っていました。つまり、私たちの目の前にいる生き物の個体は、形相の不完全なコピーということです。

私たちの顔がみんな違うのと同じように、生き物の形質には個体差（変異）があります。後に、ダーウィンが進化を引き起こす原因と考えた変異は、古代ギリシャでは、不完全な生き物の理想との差とみなされたわけです。ですからこの時代の人々は誰も、変異がいかにして生み出され、遺伝してゆくかなどに興味を抱くことはなかったでしょう。一方で、形相と呼

図 12.1　形相の概念と変異（個体差）に対する古典的な認識

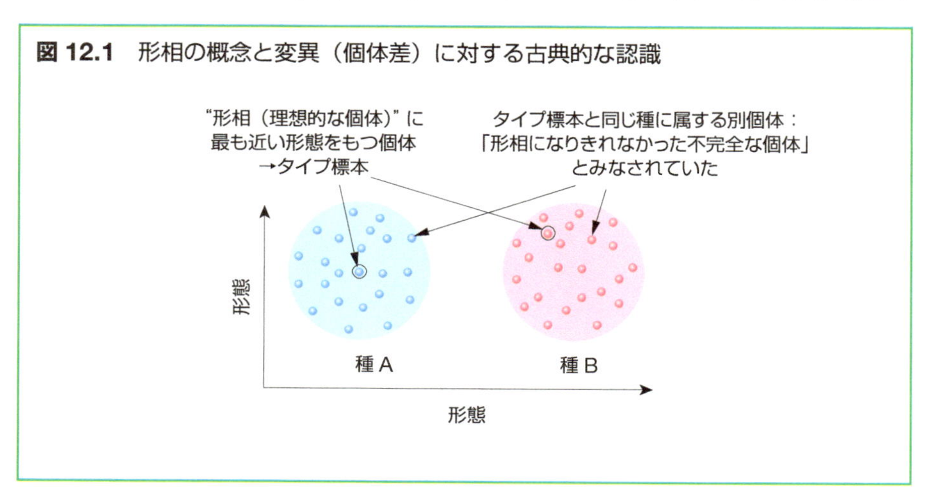

ばれた理想的・標準的な形態という考えは、次で述べるリンネの類型学的種の概念とそれを用いたタイプ分類学につながっていきます。

アリストテレスによる生き物の分類

アリストテレスは約500種の動物を記述し、体系的に分類しました。これを生物学の出発点と考えれば、最も古い生物学は分類学だったといえます。アリストテレスは、動物の分類を行う際にある工夫をしました。彼は生き物を、名前のアルファベット順や利用方法からではなく、形相、すなわち形の類似性で体系化したのです。当たりまえのように思えるかもしれませんが、形が似たもの同士をまとめ、体系化するというアイデアには優れた生物学的センスを感じます。

動物を専門としたアリストテレスは、植物の体系化は行いませんでした。植物の分類は、彼の弟子であるテオフラストス（Theophrastos）により行われました。次節では、アリストテレスの時代から時計の針を大きく進めてしまいますが、18世紀のリンネのよる分類学に話を進めましょう。

12.2 リンネの種と分類学

18世紀に活躍したリンネは、近代的生物分類法を確立したといわれています。現在通用している植物と動物の種の学名の命名規則（国際植物命名規約と国際動物命名規約）は、それぞれ、リンネの著書『植物の種』と『自然の体系』が出発点になっているからです。リンネは生き物を体系的に分類する際に三つの画期的な工夫、すなわちタイプ分類、分類の階層化、種の学名の設置を行いました。これらの工夫は基本的には現在でも用いられているわけですから、リンネの功績は偉大です。では、それぞれの工夫について見ていきましょう。

タイプ分類

リンネは古典ギリシャの考えを受け継ぎながら、種の分類を行いました。彼は種を「交雑可能な生き物の群れ」と概念づけていましたが、同時に種を「神の創造による不変なもの」とも考え、実際の分類は形態のみにより行いました。彼はさらに、この世に存在する種の数は、全能の神が最初に創造してから増えも減りもしていない、と考えたようです。リンネもアリストテレスと同じように、変異を種の理想的な個体からの単なるずれと理解していました。この考えが長く生き続けたのは、次のようにアリストテレスの自然観がキリスト教思想とうまく合致していたためです。

当時のヨーロッパでは、世界と生き物を含む世界の万物は神により創造されたと考えられていました。神は完璧ですから、完璧な個体を創造し、地上に配置したはずです。しかし、これらが神の手を離れ、いったん地上に降りると、生き物の不完全性が現れ始めると考えました。

リンネによれば、こうして現れた不完全で誤った形態が、私たちが目にする変異だというわけです（**図 12.1**）。こうした考えが支配的だった当時の分類学者の仕事は、どのようなものだったのでしょうか。それは、神が創造した理想的な個体からのずれが最も小さい個体を見つけだし、それを典型的な形態をもつ種の代表として扱い、残りの個体を同定する（鑑定して、種名を与えること）、というものでした。このような、基準となる標本（タイプ標本）に基づいて行われる分類は、タイプ分類学と呼ばれています。タイプ分類学では、種の学名はタイプ標本に対して与えられます。そして、その他の個体がその種に属するかどうかは、タイプ標本と見比べ、それが似ているかどうかで判定されます。タイプ標本と似ているかどうかに基づいて同種・異種が判断されるこの種の概念は、類型学的種の概念と呼ばれています。リンネの作ったタイプ分類学では、新種を記載するにはその種の基準となるタイプ標本が欠かせません。タイプ分類学の大綱はリンネの時代に完成され、現在も利用されています。

分類の階層化

リンネの行った二つ目の工夫は、生き物を分類するのに、種、属、目、綱という四つの階級を設けて分類を階層的に行うことです。これは分類の階層化と呼ばれています。階層化によって、彼が重要と思う特徴に基づき、生き物を秩序正しく、階層的に分類することが可能になりました。

リンネの作った四つの分類階級は今でも使われています。それに加えて現在では科、門、界などの階級が使われています（コラム「生き物の分類」）。リンネが作った分類階級は現在でも使われているものの、リンネによる分類と現在の分類とは、結果が大きく異なっています。例えば、リンネは植物の綱をおしべの数に基づいて分類しました。おしべが1本の一雄しべ綱、おしべが2本の二雄しべ綱、……といった感じです。しかし、今では、こうしたやり方では綱は決められていません。

学名の設置

リンネが行った最後の工夫は学名の設置です（**図 12.2**）。学名とタイプ標本を固定することで、一つの学名に一つの生き物の種、一つの生き物の種に一つの学名という厳格な対応関係を構築したのです。種の学名は、その種が配属される属と、その種を形容する言葉の組み合わせで作られます（これを二名法と呼びます）。ですから、どの属に分類すればいいかわからない生き物には、学名がつけられません。リンネは学名のルールを作り、それに準じて既知の種に改めて学名をつけていきました。リンネによって命名された種がやたらに多いのは、このためです。

リンネが行った三つの工夫は、基本的に現在の命名・記載の規則に踏襲されているので、彼は近代的な分類学の確立者とみなされます。一方で、リンネの分類学は、「種は変わらない」という静的な世界観を基盤にした分類学の集大成と見ることもできるでしょう。リンネは、二名法を一貫して使用した初めての版となる『自然の体系（第10版）』（1758年・1759年）

図 12.2　学名の例

標準和名
ネコ

学名
Felis silvestris catus Linnaeus, 1758
属名　種小名　亜種小名　命名者　命名年

学名は普通、ラテン語かラテン語化された言葉が使われ、ラテン語の文法でつづられる。二名法による命名規則をネコに適用した例を図に示す。このうち *Felis* が属名であり、*silvestris* が種小名にあたる。種の下の分類階級である亜種の名（亜種小名）に相当するのが *catus* である。

で約 4400 種の動物を、『植物の種』(1753 年) では約 5900 種の植物を命名しました。

第13章 進化理論のインパクト：ダーウィンがもたらしたもの

13.1 みんな違うことに意味がある

リンネによる静的な世界観に基づく種の取り扱いは、19世紀にダーウィンの進化理論が発表されるまで分類学の規範でした。ところが、ダーウィンの進化理論によりすべてが変わってしまいました。種は「神により創造されてから一切変わることのない不変な存在」から「自然選択により世代とともに変化する存在」に変わったのです。この世界観の変革はあまりにも大きかったため、前述のパラダイム変革の範疇には収まりません（パラダイムは、あくまで、科学者集団が規範としている理論を指します）。しかし、言うまでもなく、進化理論は生物学にも大きな影響を与えました。例えば種の境界を決めるには、ダーウィン以前は集団を吟味し、神の意志がどのようであったか（神がどんな理想形を使ったか）を考察・理解することが重要でした。しかし、ダーウィン以降は、進化を考慮しながら種の境界線を引くことになります。このようにダーウィンの進化理論は、種の定義に対して大きな疑問を投げかけました。

ダーウィン以降の生物学の発展の方向を概観することは、種概念の変遷を理解するうえでも役に立ちます。ダーウィンは進化理論の中で、個体の唯一性を主張しました（第3.2節）。それまでは、同種集団に属する個体に変異があることは、各個体が理想的な姿になり切れなかったためだと理解されていました。そのため、生物学者は変異そのものではなく、理想に近い個体の発見に力を注いでいました。そんな中、急にダーウィンが「みんな違うことに意味がある」と主張したわけですから、それまで生物学的に意味をもたなかった個体の変異に、俄然、注目が集まるようになりました。

図 13.1 変異が生じるメカニズムとしての遺伝子と生息環境

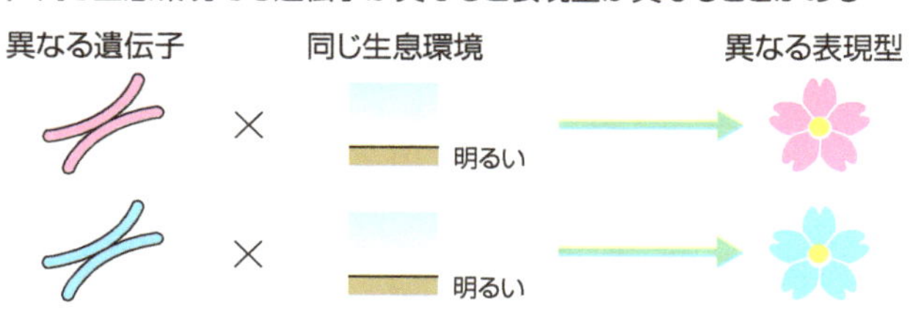

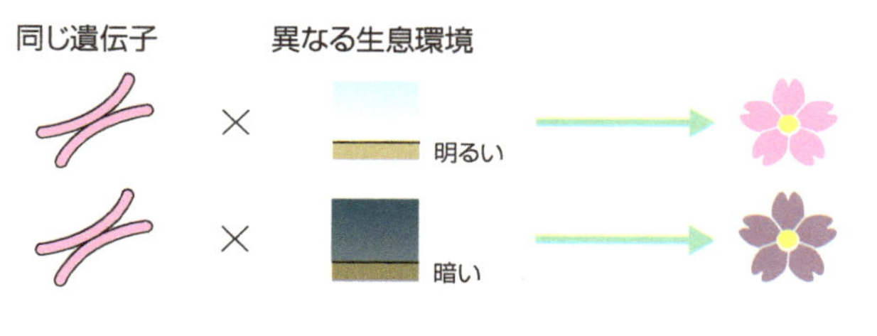

しかし、ダーウィンの時代、もっとも深い謎に包まれていたのも変異と遺伝でした。そこで当時の生物学者は、この二つを精力的に調べることになりました。彼らがこれらの難題に挑む研究方法は、おもに、植物を用いた交配実験と移植実験でした（**図 13.1**）。前者は変異が生じるメカニズムとして遺伝子の正体を突き止めようとするもので、後者は変異に対する生育環境の影響を明らかにしようとするものです。

13.2 ダーウィン以降の生物学の流れ

交配実験

交配実験で成果を上げたのは、何といっても第 4 章で紹介したメンデルですが、彼以外にも熱心な研究者はいました。例えば 1860〜70 年代のフランスの植物学者ジョルダン（Jordan, A.）は、リンネが 1 種にまとめたヒメナズナを用いて交配実験を続け、遺伝的に固定された型（自家受粉により生じる子が親と同じになる状態、第 4.1 節参照）を 200 以上に分離しました。

ジョルダンは、このようにして選抜したそれぞれの型を種として扱いました。後に 1920 年代に、オランダの植物学者ロッツィ（Lotsy, J. D.）が、こういった方法で選抜される型をジョルダン種と呼ぶことを提案しています（ロッツィは、形態学的種の概念により決められた種をリンネ種と呼ぶことも提案しています）。しかし今では、ジョルダンが行ったのは種の単離ではなく、純系（第 4.1 節参照）の単離だと考えられています。この時期に行われたメンデルやジョルダンに代表される交配実験の成果により、生き物がもつ変異は遺伝子に左右される、という考えが強く固まっていきました。

移植実験

同じ種でも、生育環境により形態が変わることは、昔からよく知られていました。例えば、日本に自生するカンコノキも生育環境に合わせて、外部形態を大きく変化させます（**図 13.2**）。暖温帯に生えるカンコノキは遠目には何の変哲もない木に見えますが、ごく近くから見ると棘をもっていることに気がつくでしょう。この棘の正体は、成長を止めてしまった枝です。

カンコノキには時々、成長がごく初期に止まってしまう数 cm の短い枝が現れ、この短い枝が草食性哺乳動物から植物体を守る棘として働きます。カンコノキは草食獣の被食圧が低い生育環境ではあまり棘を作りませんが、被食圧が高いと棘の生産が高まります。

世界文化遺産にも登録されている広島県宮島には、たくさんのニホンジカが生息し、島内の植物を盛んに食べています。宮島では、ニホンジカによる森林生態系へのさまざまな影響が問題になっています。この島に生えるカンコノキは、刈り込まれた盆栽のようにとても奇妙な形をしていますが、これはニホンジカの採食のせいです。カンコノキを近くで見ると、もうこれ以上は食べられまいとするかのように、本当にたくさんの棘を出していることがわかります。棘だらけで盆栽のように刈り込まれたカンコノキが見られるのはきっと、ニホンジカが高密度で生活する宮島だけでしょう。

図 13.2　シカの採食の影響で樹形が変わるカンコノキ

草食の獣の影響をあまり
受けていないときのカンコノキ。

シカに食べられ、盆栽のような樹形になっている
カンコノキ。

草食の獣が少ないところに生えた
カンコノキの枝。
棘はあまり目立たない。

宮島に生えるカンコノキの枝。棘が目立つ。

これだけでも、宮島に生えるカンコノキが棘だらけなのはニホンジカの被食圧のせいだ、と考える十分な状況証拠になります。もし、宮島に生える棘だらけのカンコノキをニホンジカがいない地域に植え替えるという移植実験を行い、移植後に棘が少なくなるという結果を得れば、棘とニホンジカの関係をより鮮明にできるでしょう。

13.3 新しい種概念の提案

交配実験や移植実験で培われた当時の最新知見は、新しい種の概念を次々と生み出すことになりました。遺伝や環境といった要因が複雑に絡み合っている現実の植物の種群に、従来の形態学的種の概念を一様に適用するのは無理がある、という考えが広がったためです。ここでは、この当時に提案された新しい種の概念を二つ紹介しましょう。

集合種

スウェーデンの植物学者トゥレソン（Turesson, G.）は、生き物の集団を生殖的隔離の程度（第10.2節参照）と生育する環境の両面から考察しました（**図13.3**）。彼は生息場所の環境に適応した形態をもつ地域集団を認め、それを生態型（せいたいけい）と呼びました。例えば、山地原産個体特有の形態をもつ山地の地域集団とか、低地に生息する個体特有の形態をもつ低地の地域集団などが、生態型にあたります。

図13.3 生態型、生態種、集合種の概念

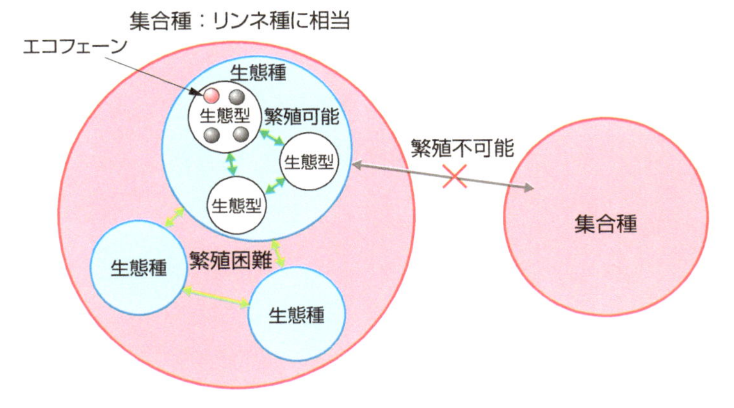

●●は個体を示す。○で囲まれた集合が生態型、生態種、もしくは集合種を示す。
赤で示した集合種の間には生殖的隔離がある。

図 13.4　スズメノテッポウに見られる生態型の例

日本中どこにでも見られるスズメノテッポウには、水田型と畑地型の分化が見られますが、これらは典型的な生態型にあたります（**図 13.4**）。生態型の中には、その生育環境に極端に適応した形態をもつ個体がいるでしょう。彼はこれをエコフェーン（ecophene）と呼びました。

ある生態型と別の生態型は形態的に識別できますが、それらの間に生殖的隔離はありません。トゥレソンは、地理的にも隔たれておらず、自由に交配できる生態型をまとめて生態種と呼びました。生態種と生態種の間では自然には交配は起きないけれど、人工交配をすれば交配できます。さらに生態種をまとめて集合種と呼びました。集合種と別の集合種の間では繁殖できません。トゥレソンの集合種の概念は、環境と対応した形態の変異と生殖的隔離の概念を含む優れものです。

セノガモディーム

イギリスの植物学者ギルモア（Gilmour, J. S. L.）はディーム（地域的にまとまって生える、同種の個体から成る集団。deme）の概念を研ぎ澄まし、種の概念へと拡張していきました（**図 13.5**）。彼は、種個体群はたくさんのディームの集合だと考えました。その他のディームとは、実質的にはあまり交配しておらず、交配の上で区別されうるディームをガモディーム（gamodeme）と呼びました。そして、ガモディームを最も基本的な集団の単位と考えました。遺伝的にも生育環境的にも似たガモディーム同士はまとめられ、エコジノディーム（ecogenodeme）を作ります。これは、ちょうどトゥレソンの生態型にあたります。繁殖が自由にできるエコジノディームはホロガモディーム（hologamodeme）にまとめられ、多少でも繁殖できるホロガモディームはセノガモディーム（coenogamodeme）にまとめられます。そして、セノガモディームと別のセノガモディームとの間には生殖的隔離があります。ホロガモディームとセノガモディームはそれぞれ、トゥレソンの生態種と集合種の概念に対応します。

図 13.5 ガモディーム、エコジノディーム、ホロガモディームおよびセノガモディームの概念

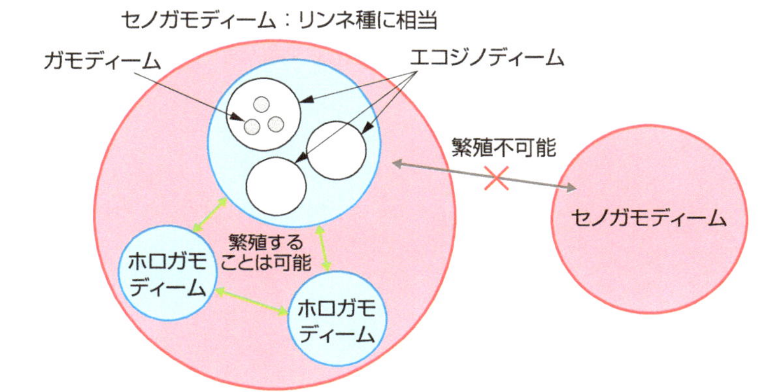

◯で囲まれた集合がガモディーム、エコジノディーム、ホロガモディームもしくはセノガモディームを示す。赤で示したセノガモディーム間には生殖的隔離がある。

第14章 生物学的種の概念：生殖的隔離という考え

14.1 形態学的種の概念と生物学的種の概念の対立

変異や遺伝に関する新しい知見が積み重なってくると、種とは何かという問題が改めて注目を集めるようになりました。そうした中でドブジャンスキーやマイヤーは、遺伝的な連続性を重視した生物学的種の概念を提唱し、生殖的隔離の有無をもって同種か異種の区別をすることを主張します（マイヤーの定義による生物学的種の概念は、第10.2節で紹介したとおりです。**図14.1**）。それ以降、種の概念として古典的な形態学的種の概念がふさわしいのか、それとも生物学的種の概念がふさわしいのか、激しい議論が交わされるようになりました。

二つの分類はそれほど違わない？

しかし、よく考えると、形態学的種の概念と生物学的種の概念のどちらが種の概念としてふさわしいのかという議論は、実務的にはあまり意味がないかもしれません。実際に生き物の分類を行うと、ほとんどの場面で形態学的種の概念に基づいた分類結果と、生物学的種の概念に基づいたそれの間に齟齬がないからです。

この二つの分類に齟齬がない理由は簡単です。二つの種を分ける形態的な特徴は、基本的には遺伝子に支配されています。両者が形態的な特徴の差異を維持しているということは、それらの種の間で遺伝子が交ざり合っていないことを示唆しています。遺伝子が交ざり合えば、それぞれの特徴が両集団に広がっていき、やがては区別が不可能になるはずです。遺伝子が交ざり合う機会は交配時に限られますから、形態的な差異があるという

図 14.1　生物学的種の概念

イヌには、シバイヌやダックスフンドなど形態的に区別できる犬種がいるが、これらの間には生殖的隔離は無い。生物学的種の概念では形態の差異ではなく繁殖できるかどうかを重視するため、犬種間でどれだけ見た目が異なっていても、生殖的隔離が無いのだから、これらは同じ“イヌ”に分類される。
一方、イヌとネコとの間には子供ができない（生殖的隔離がある）ので、生物学的種の概念ではこれらを別種と扱う。

ことは生殖的隔離の存在をほのめかしているのです。

そう考えれば、直接観察による生殖的隔離の有無の判断に基づくのが生物学的種の概念、形態の差異から生殖的隔離の有無を間接的に確認しているのが形態学的種の概念、とみなせます。したがって、どちらも生殖的隔離という同じ現象を違うレベルで見ていることにすぎないはずです。

大きな遺伝的多型

とはいえ、生き物に関する知識が蓄積していくと、単純に

生物学的種の概念＝形態学的種の概念

の等式が成り立たない事態に遭遇し始めるようになりました。そういった例を二つ紹介しましょう。

一つ目は形態的には大きく異なっているけれども、生殖的隔離が無い集団の例です。テントウムシの一種であるナミテントウは鞘翅斑紋に100以上の変異が知られています（**図 14.2**）。鞘翅斑紋だけを見て、これらが同じ種だと思う人がいればどうかしている、というレベルの大きな変異です。かつてはこれらの変異に基づき、20種余りの独立な種に細分されていたこともありました。しかし、これらの変異体の間には、生殖的隔離はありま

図 14.2　ナミテントウの鞘翅斑紋の代表的な四つの型

これらの型は複対立遺伝子に支配されていることがわかっており、
紅型＜まだら型＜四紋型＜二紋型の優劣の関係がある。

せん。こうした変異体は、形態的には分離可能だけれども生殖的隔離がない例にあたります。この場合、形態の差を重視して別種と分類すべきか、それとも生殖的隔離がないことを重視して同種と扱うべきか、運用方法を決めておかなければなりません。

もっとも、こうしたグループの取り扱いは、比較的簡単でした。もともと 17 世紀のイギリスのレイ（Ray, J.）の時代から、種は交雑可能な群れと認識されていました。レイは、同じ植物の種子から生じたものは、どんな変異体でも同じ種に属する、と主張していました。この主張に照らし合わせれば、ナミテントウは一つの種にまとめられます。ナミテントウのように、かつてはいくつかの独立種として扱われていたものが、後に生殖的隔離が無いことがわかり、一つの種にまとめられることは少なくありません。

さて、ナミテントウの鞘翅斑紋の変異は、代表的な四つの型、すなわち紅型、まだら型、四紋型、二紋型に分けられます。そして、ナミテントウの鞘翅斑紋の大きな変異は、基本的にこれら四つの複対立遺伝子によって決まることがわかっています。複対立遺伝子とは、一つの表現型に三つ以上の対立遺伝子がかかわっているということです（ヒトの ABO 式血液型がこれにあたります）。ナミテントウの斑紋の四つの型には、紅型＜まだら型＜四紋型＜二紋型という優劣関係があることもわかっています。

こうした対立遺伝子による表現型の違いは遺伝的多型と呼ばれ、遺伝的多型による表現型の違いは、たとえどんなに大きくても、一つの種にまとめられることになります。ちょうど、ABO 式の血液型でヒトを 4 種に細分できないのと同じ理屈です。

同胞種

次に紹介するケースは、遺伝的多型による表現型の大きな違いよりも問題が深刻です。生き物を詳しく調べると、形態的には区別することが不可能だけれども、生殖的隔離があるグループが見つかってしまいました。このような関係にある集団を同胞種と呼んでいます。さて同胞種は、形態に差異がないことを重視して同一種として扱うべきか、それとも生殖的隔離の存在を重要視して別種として扱うべきか、どちらがよいのでしょうか。少なくとも、その取り扱いの約束を作らなければなりません。

同胞種は多く知られていますが、その一例を紹介しましょう。一部の蚊が媒介するマラリアという伝染病のことを聞いたことがある読者も多いのではないでしょうか。私は罹(かか)ったことがあります。マラリアを媒介するハマダラカ属の *Anopheles maculipennis* はヨーロッパの広い範囲に分布していますが、マラリアの発生地域は、なぜかその分布域の一部に限られていました。こうした局所的なマラリアの発生には意外な理由がありました。私たちが当初 *Anopheles maculipennis* という 1 種と思っていた蚊は、実は生殖的隔離された 6 種から成る同胞種で、そのうち 3 種だけがヒトの血を吸い、マラリアをヒトに伝染させていたのです。私たちが同胞種に気が付かなかったのも当たり前で、これらの同胞種は、成虫の外部形態では区別不可能です。*Anopheles maculipennis* は、マラリアを媒介するために詳しく調べられ、幼虫や卵の形態で識別可能な同胞種であることが判明したのです。

たぶん地球上には、まだ多くの同胞種たちが、私たちに気づかれないまま存在していることでしょう。

議論の決着

多くの科学者の努力により、いくつもの新しい種の概念が提案されたのですが、むしろひどく混乱した事態を招いてしまいました。この状況に加え、種の概念と同時に、大きな遺伝的多型をもつグループや同胞種を扱う上での約束も作らなければなりません。こうした混乱はどのように解決されたのでしょうか。

まずは、形態的な違いを重視する立場と生殖的隔離の有無を重視する立場の間の対立に注目してみましょう。さて、この形態学的種概念と生物学的種概念の間に横たわる根本的な問題は何なのでしょうか。マイヤーはこれら種概念に関する議論の論点を整理しました。彼の論点整理は問題の本質を見極める上で役に立つので、ここでおさらいしておきましょう。

彼は、種概念に関する議論のうちで最も本質的なのは、種は量的な違いに基づいて決められるべきだという立場と、質的な違いに基づくべきだという立場の間の議論だと考えました。前者は、形態がどれくらい違うかという量的な基準に基づいて種を区別すべきだ、という考えです。後者は、生物学的な質の違いに基づくべきだ、という考えです。形態がどれくらい違うかという量的な区別ではあいまいになりがちな状況を、質的な違いによりはっきりさせるという考えです。マイヤーの言う生物学的質とは一義的に“生殖的隔離があるかどうか”です。

前者の立場をとるならば、個体の形態を比較し続けることで、どこまでが“似ている”同種の集団かを決定する、ボトムアップ的なアプローチを採用することになります。この量的な尺度を用いる限り、種の境界は恣意的にならざるをえません。ある人には大きく見える形態の違いが、別の人には些細な違いにしか見えないことがあるからです（第 10.1 節参照）。

後者の立場をとるならば、生殖的隔離のある・なしの判断を基準として、トップダウン的に種の境界を決められることでしょう。この生殖的隔離のある・なしは、中間に選択肢がない明瞭な基準です。したがって、同じグループを対象にすれば誰が判定しても同じ結果となる、客観性をもつ基準といえます。

そう考えると、客観性が保たれる生物学的種の概念がより優れている、ということになります。また第 10.2 節で考察したように、形態的な差異は生殖的隔離に基づくので、形態学的種の概念より生物学的種の概念が根本的な定義ともいえます。形態学的種概念と生物学的種概念の比較では、生物学的種概念に軍配が上がりました。

それでは、当時示された新しい種の概念はどう評価すべきでしょうか。リンネ種が、これら新しい種の概念のどの分類段階に該当するかは定かではありませんが、新しい種の概念は、すべて生殖的隔離の考えを取り入れた前衛的なものでした。

しかし、その使用には保守性の問題があります。近代的な分類学をリンネが始めて以来、250年以上が経っており、すでに莫大な数の種が記載されています。これらを新しい種概念で整理し直すことは現実的に難しいだけでなく、長年の成果の大部分を捨てることになってしまうでしょう。もしかすると、大改革がもたらすのは混乱だけかもしれません。そこで、リンネの分類体系を用いつつ、種の境界線は生物学的な種の概念を用いて引く、という穏やかな改革が行われました。

ということは、この当時に行われた新しい種概念に関する研究は徒労に終わったのでしょうか。そうではありません。新しい種の概念は、漠然とした類似個体の集合としてのリンネ種を、変異の成因（環境との対応）と変異の維持（生殖的隔離）から見直した画期的な試みです。確かに、当時生まれた新しい種の概念は現在使われてはいませんが、種とは何かを問い直すために必要な努力だったと振り返れます。また、生態種やガモディームといったアイデアは、生物学者が生き物の自然集団を研究・整理する際に、エッセンスとして活かされ続けています。

14.2 生殖的隔離ってなんだ?

生物学的種の概念では、同種か異種かの判断基準に生殖的隔離を用います。では、生殖的隔離とはどういった状態を指すのでしょうか。ドブジャンスキーやマイヤーによりまとめられた生殖的隔離のしくみに最近の知見を加えたものを、**表 14.1** にまとめました。**表 14.1** に示された一つでも該当すれば生殖的隔離がある、すなわち生物学的種の概念では異種と判定されます。ここに挙げられた生殖的隔離のさまざまなしくみは大きく、

(1) 受精に至らない場合（交配前隔離）

(2) 受精はするが子孫が継続しない場合（交配後隔離）

に分けられます。本節では、それぞれのしくみを詳しく見ることにしましょう。

表 14.1 生殖的隔離のしくみ

Ⅰ 交配前隔離（交配の回避等で受精に至らないしくみ）	
1 生態的隔離	生活史の特性により接触の機会が減少すること （1）生息地的隔離 （2）時間的隔離
2 行動的隔離	雌雄のお互いもしくはどちらかが、交尾相手として認識しないこと （1）心理的隔離 （2）音、光、化学物質による隔離 （3）花粉媒介者による隔離
3 機械的隔離	雌雄の交尾器が対応せず、物理的に交尾が不可能なこと
4 配偶体隔離	体外受精及び体内受精両方において、交配後に受精に至るまでの一連の過程のどこかに受精をはばむしくみがあること
Ⅱ 交配後隔離（受精しても子孫が継続しないしくみ）	
1 雑種の生存不能	雑種が形成されたとしても生存できないこと
2 雑種不妊	雑種が性的成熟期まで育ったとしても、生殖能力を持っていないこと
3 雑種崩壊	雑種の生存力が世代を経るごとに減少し、やがて消滅すること

交配前隔離

生態的隔離

生態的隔離とは、近縁の生物種の間で生息場所などの生態的差異があり、その結果、交配の機会が減少した状態をいいます。いくつかの例を見てみましょう。

生息地的隔離

淡水魚のオイカワとカワムツが同じ川に生息するとき、普通、オイカワは明るい瀬の中央に、カワムツは暗く深い淵に生息し、分布の重なりはほとんどありません（**図 14.3**）。この生息場所の分化は、両種の接触の機会を減退させ、生殖的隔離として機能しています。ただし、オイカワとカワムツでは、交配後隔離は完成しておらず、交雑すると雑種が形成されることが知られています。しかし、同じ川に生息していたとしても、生息する微環境を異にする両種は分布が重ならず、両種の間には雑種はできないは

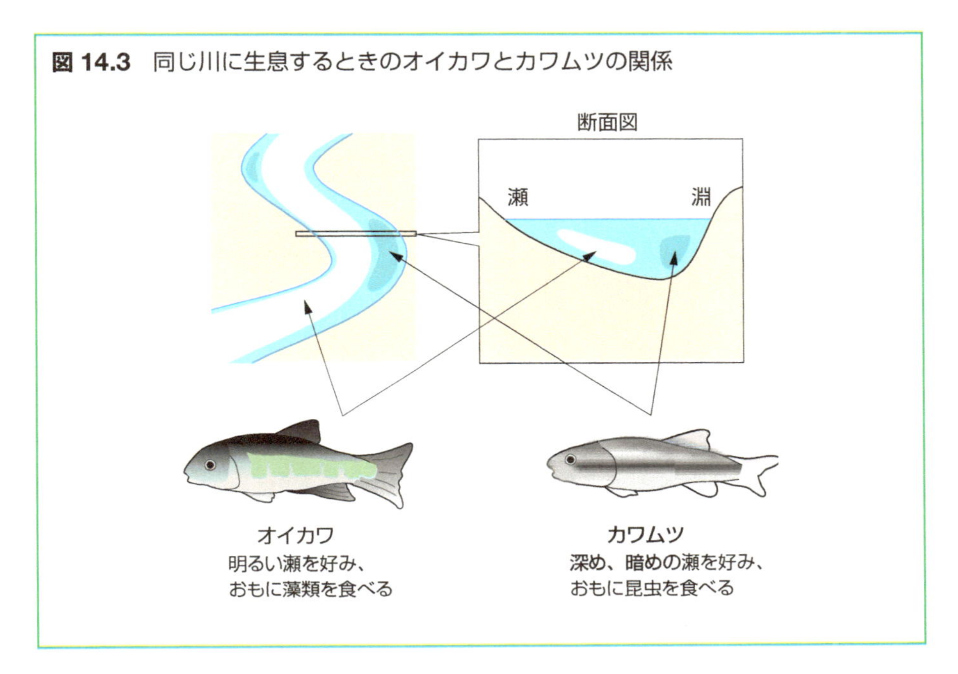

図 14.3 同じ川に生息するときのオイカワとカワムツの関係

ずです。

ところが最近、自然状態でもオイカワとカワムツの雑種が見つかるようになりました。もしかすると、雑種の形成には近年の河川改修が影響しているかもしれません。河川改修により川床は浅く平坦に広げられ、流れのゆるやかな水域が作られがちです。このような河川はオイカワの自然分布域と似た特徴を有します。河川改修による環境の変化はオイカワの分布域の拡大を引き起こし、カワムツの分布域との重複をもたらしたのかもしれません。

生態的隔離の別の例として、熱帯雨林の植物たちを紹介します。熱帯雨林には非常にたくさんの樹種が同じ森の中に生育しています。例えばマレーシアのパソ保護林に設置された 50 ha の調査区には、1000 種におよぶ樹木が共存しています。日本の温帯林で同じ調査をしてもせいぜい 100 種くらいしか見つからないでしょうから、熱帯雨林の樹木種多様性の驚異的な高さがわかるでしょう。

さて、熱帯雨林に生える樹種の多くは、ランダムに分布せず、ある場所に集中して生えることがほとんどです。そして多くの樹種では、分布が地形や土と関連しています。たとえば、乾きやすい尾根（隣り合う谷と谷を隔てる突出した地形部）の上にまとまって生える樹種もあれば、湿った谷にまとまって生える樹種もある、という感じです。このような熱帯雨林内での地形と対応した分布の違いが、両者の雑種形成を阻む要因の一つになっていると考えられます。

前述のマレーシアの調査区には、熱帯雨林の屋台骨を支える巨木のグループであるフタバガキ科ショレア属だけで16種も出現します。同属の植物種の中でとくに近縁な種を集めた分類段階として、節があります。ここでは、ショレア属ムティカ節の樹種の分布に注目しましょう。ショレア属ムティカ節の *Shorea leprosula* は湿った土地にまとまって生え、*Shorea acuminata* は乾いた丘部分に生えていて、両者の分布はほとんど重なりません。

両種はともに、アザミウマを花粉媒介者として使っています（**図 14.4**）。アザミウマは体長が1 mmにも満たない、飛翔能力の乏しい昆虫です。ショレア属ムティカ節の花の子房周辺にはアザミウマの餌となる細胞が発達し、アザミウマはショレア属ムティカ節の花が放つ甘い匂いに誘われて、地面から地上40 m以上の樹冠部分に移動し、花の中にもぐります。このとき、アザミウマの体には花粉がつけられます。花弁の寿命は短く、1日以内に落下してしまいます。花弁とともに地面に落ちたアザミウマは、また甘い花の匂いに引き寄せられて、樹冠の別の花に入ります。このとき受粉が成立するのです。

花粉媒介者であるアザミウマの移動能力の低さを考えれば、*Shorea leprosula* と *Shorea acuminata* の間で見られた分布の違いは、たとえ数百 m しか離れていなかったとしても、生殖的隔離として十分に機能しているはずです。以上のような生息場所の特化が引き起こす生殖的隔離は、生息地的隔離と呼ばれています。

時間的隔離

種ごとに繁殖期が異なる場合、たとえ同じ場所に生息していたとしても、異なる種の間で交雑が起きる機会はなくなります。日本の沿岸部に同所的に分布するススキノキ科キスゲ属のキスゲとベニカンゾウの関係を見てみましょう。キスゲはレモン色で芳香性のある花を夜に咲かせるのに対し、

図 14.4 アザミウマとショレア属ムティカ節の植物

(a)

ショレア属の花に訪れたアザミウマ（提供：近藤俊明）。

(b)

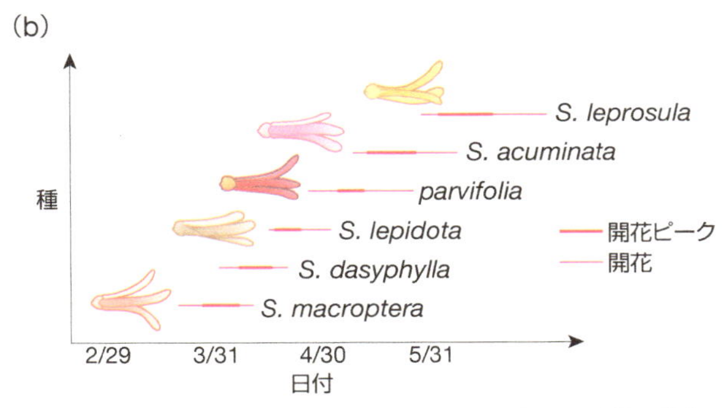

マレーシアの熱帯雨林で開花時期を分けるショレア属ムティカ節の植物。
Chan & Appanah（1980）に基づく。

ベニカンゾウは橙色から赤色の花を昼に咲かせます（**図 14.5**）。このベニカンゾウの花には芳香性はありません。夜咲きのキスゲがにおいを放つのは、花粉媒介者である夜行性のスズメガを引き寄せる工夫で、昼に目立つベニカンゾウの橙色や赤色の花は、昼行性のアゲハチョウを引きつける工夫です。両種は開花時間と花粉媒介者が異なるため、生殖的に隔離されています。

図 14.5　キスゲとベニカンゾウ

マレーシアの熱帯雨林では、一斉開化と呼ばれる変わった現象が数年間隔で起こります。一斉開花の際には多くの樹種が咲き乱れますが、それ以外の時期に花をつけている木を見ることはほとんどありません。この森では、咲くときには種にかかわらず多くの木の花が一斉に咲き、咲かないときにはほとんどの木の花が一斉に咲かないのです。この一斉開花は数ヵ月継続しますが、すべての個体が同時に開花し、数ヵ月間咲き続けるわけではありません。種ごとに少しずつ開花時期をずらしながら、一斉開花現象が数ヵ月間継続するのです。

種ごとに開花期間を分ける現象は、前出のフタバガキ科ショレア属ムティカ節でよく調べられています。ムティカ節の近縁6種を見ると、種間で開花時期が多少重なるものの、開花のピークは種間で大きくずれています。この咲き分けは、近縁種間での花粉媒介者（アザミウマ）を巡る競争回避だと理解されることがあります。つまり、一度にすべての種が咲いてしまうと、花粉媒介者のアザミウマが足りず受粉がうまくいかないかもしれないので、それを避けるために種ごとに咲き分けている、という考えです。

それとは別に、ショレア属ムティカ節の種間での咲き分けは、異種間の受粉を回避する交配前隔離の工夫だとも考えられます。その根拠は、ショレア属ムティカ節の植物間では交配後隔離が十分ではなく、受粉が起こると雑種が形成されてしまうためです。

行動的隔離

行動的隔離は、節足動物や脊椎動物で非常に強力かつ効果的に働く生殖的隔離機構として知られています。動物ではオスとメスが出合った場合、お互いに繁殖相手だと認識し合えなければ交尾に至りません。そのため、交尾に先立つ儀式的な求愛行動（**図 14.6**）を進化させた昆虫や脊椎動物も知られています。

例えばトゲウオの一種であるイトヨでは、卵で膨れたメスの腹部が刺激となり、オスはジグザグダンスと呼ばれる求愛行動をします。その後、このダンスが刺激となりメスが特定の反応をします。さらにその反応にオスが反応するという、一連の儀式的な生殖行動が進むのです。この儀式的な行動がいずれか一つ欠けても、繁殖には至りません。すなわち、こういった儀式的な行動をもたない他種の個体とは繁殖に至ることがないのです。

図 14.6　儀式的な求愛行動の例

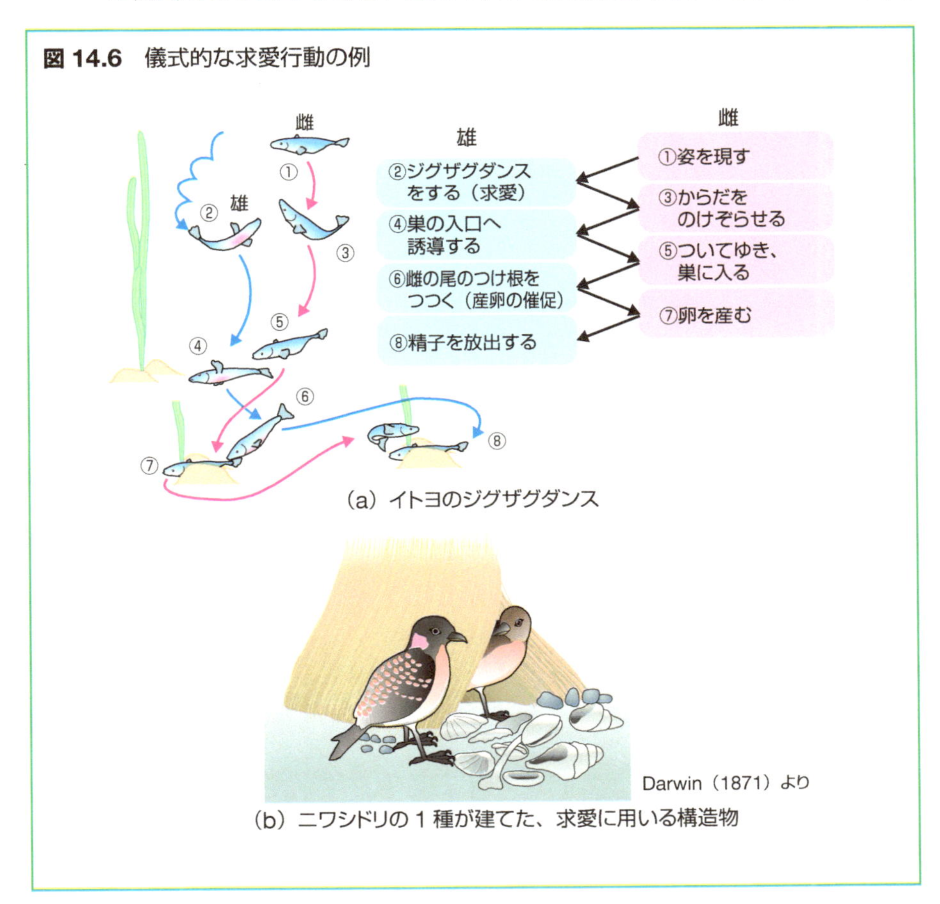

（a）イトヨのジグザグダンス

（b）ニワシドリの 1 種が建てた、求愛に用いる構造物

こうした儀式的な行動には、アオアシカツオドリの求愛ダンスやクジャクの求愛ディスプレイなど、広く知られたものがあります。

オーストラリアやニュージーランドに生息するニワシドリやアズマヤドリの多くの種は、メスの気を引くためにオスが構造物を作ります。この構造物はあずまやと呼ばれています。あずまやは簡素な建物という意味ですが、鳥たちが作るあずまやは時として、とても立派なものになります。葉や色とりどりの花や実、小石、時には林内に落ちていたガラスの破片やアルミ箔、CDなどであずまやを飾り立てるのです。このあずまやは交尾相手へのプロポーズのためにだけ機能し、産卵や育雛用の巣としては、より実用的なものが別に作られます。このような鳥のメスが、あずまやを作る習性をもたない他種のオスと交尾することはないでしょう。

心理的隔離

次に、心理的隔離と呼ばれる生殖的隔離のしくみを紹介します。交雑すれば子供を作れるものの、形態的にはっきりと区別できる二つの近縁な集団を考えてみましょう。これらの集団に属する個体はすべて交配が可能ですから、すべての個体が集団に関係なくランダムに交配し続ければ、二つの集団を分ける形質の違いは混ざり合い、いずれは形態の区別ができない一つの集団になります。しかし、それぞれの個体が他個体を、形態的な特徴から自分の集団に属する個体かどうかを区別し、さらに交尾相手として積極的に自分の集団に属する個体を選ぶならば、集団間の交雑は避けられます。これが心理的隔離です。

ニホンザルを含むマカク属のブタオザルとカニクイザルは東南アジアの同じ森林に生息しています（**図14.7**）。彼らは人工的に飼育すれば雑種を作りますし、その雑種は妊性をもちます。つまり、ブタオザルとカニクイザルの間には交配後隔離が発達していません。にもかかわらず、実際の森林で雑種を見ることはありません。もしかすると両種の間に心理的隔離が働き、カニクイザルはカニクイザルを、ブタオザルはブタオザルを交尾の相手として選んでいるのかもしれません。

この考えを確かめるために、飼育されているマカク属のサルを用いた実験が行われ、その結果、マカク属のサルが交雑可能な同属別種のサルを視覚的に区別し、さらに自種に対する好みを示すことが明らかになりました。

図 14.7 カニクイザルとブタオザル

カニクイザル　　　　ブタオザル

両種ともニホンザルと同じマカク属に属し、よく似ているが、以下の違いもある。
カニクイザル：まぶたや目の周りが白い。頭部に濃い毛がはえる。頭頂の毛は立つ。尾が長い。
ブタオザル：眉の部分が突き出る。頭部に褐色の毛がはえる。顔や首周りの毛が長い。尾が短い。

同じ森に住むブタオザルとカニクイザルが交尾に至らない理由として、心理的隔離が働いていることを支持する結果です。

もう一つ、心理的隔離の例を示しましょう。アメリカ西部に分布するモンシロチョウの仲間、*Pieris occidentalis* と *P. protodice* のメス同士は形態的に区別するのは困難です。しかし、オス同士をくらべると、*Pieris occidentalis* のほうが *P. protodice* よりずっと暗い翅をもっていて形態的な区別が可能です。野外では、*Pieris occidentalis* のメスは *P. protodice* のオスと交尾することはありません。多分、このモンシロチョウが翅の色を用いて交尾相手を選定しているためです。その証拠に、*P. protodice* の翅を黒く塗ると、*Pieris occidentalis* のメスはそのオスを交尾相手として選ぶようになります。これも心理的隔離の一つです。

外部形態の差異による交尾相手の選択は、マカク属のサルやモンシロチョウに限った話ではないでしょう。オスのクジャクの羽根の目玉模様は、メスを獲得するための競争によりもたらされたと考えられています。どうやらクジャクでは、目玉模様が多い羽根をもつオスがメスにモテるようです。目玉模様の数を選り好みするクジャクのメスが、目玉模様を全くもたない別種個体を繁殖相手とみなすことはないでしょう。心理的隔離は広義の行動的隔離として扱われます。

その他のコミュニケーションによる隔離

音（鳥やカエル、コオロギなど）、光（ホタルなど）、性フェロモンと呼ばれる化学物質（ガなど）を使ってコミュニケーションを行い、交尾相手を選定している動物もいます。こうしたしくみを発達させることで交尾相手を同種個体に限定することで、生殖的隔離が成立します。こういった一連のしくみも行動的隔離の一つです。

花粉媒介者による隔離

植物の場合、花粉媒介者を分けることでも、生殖的隔離が成り立ちます。北米のシエラネバダ山脈に同所的に分布するミゾホウズキ属2種は、典型的な花粉媒介者による生殖的隔離を行っています（**図14.8**）。*Mimulus lewisii* のピンクの花に寄ってくるのはマルハナバチです。この花はマルハナバチが訪れやすいように、おしべの位置が後退し、蜜の量も少なめです。

一方、*Mimulus cardinalis* の赤い花にはハチドリが寄って来ます。この花のおしべは突出し、蜜量も多く、ハチドリによる送粉に適した形質になっています。両者はこうした形質の違いにより花粉媒介者を分離し、生殖的隔離を実現しています。時間的隔離で紹介したキスゲとベニカンゾウは、見方を変えると花粉媒介者の分離による生殖的隔離と考えられます。

こうした特定の花粉媒介者と植物の間の強い関係は、被子植物の間で広く見られます。植物は動くことができませんから行動的隔離はありえないと思われるかもしれません。しかし、特定の花粉媒介者と植物の結びつきによる生殖的隔離は動物の行動的隔離と本質的には同じなので、これも行動的隔離の一つとして扱われています。

機械的隔離

交尾が成功するためには、雌雄の生殖器が対応していなければいけません。生殖器の形態が大きく異なる種間では、物理的に交尾ができず、生殖的隔離が成立します。生殖器の形態的特化による物理的な繁殖の障壁を、機械的隔離と呼んでいます。

昆虫の場合、外部生殖器の構造が同種では安定して類似しているのに対し、種間では大きく異なります。そのため、外部生殖器の形態が種を見分ける鍵になっていることが多いです。このことから、種間の外部生殖器の

図 14.8 *Mimulus lewisii* と *Mimulus cardinalis*

Mimulus lewisii　*Mimulus cardinalis*

Mimulus lewisii にはマルハナバチが、*Mimulus cardinalis* にはハチドリがよく訪れる。

形態の違いが交尾を妨げていると、短絡的に考えてしまいそうです。

しかし、実際には生殖器の違いには融通が利き、多少の形態的な違いは交尾の妨げにはならないことがほとんどです。つまり、機械的隔離が当てはまるケースはそれほど多くありません。逆に、外部生殖器の構造が大きく異なる昆虫の雌雄でも交尾が可能な例も知られています。一方で、生殖器の形状が合わないために交尾ができない種群も知られています。オオオサムシ属の昆虫です。

近縁な種は地理的に隔離されており、分布が重なることは少ないですが、分布の境界付近で重なり合い、同所的に分布する地域が形成されることがあります。こうした分布を側所的な分布といい、分布が重なり、二つ種が出会う地域を交雑帯といいます。近縁のイワワキオサムシとマヤサンオサムシは三重県に交雑帯をもちます。

これら2種の体のサイズは似ていますが、オスの生殖器の形が大きく異なります（**図 14.9**）。これらの昆虫のオスの生殖器には、カギ状の交尾片と呼ばれる構造物がついています。交尾片は交尾時、オスの生殖器の位置を固定する働きをもち、交尾の成功に役立っています。交尾片の形と大きさは種ごとに異なっています。また、メスの生殖器の形状も種ごとに異なっており、オスとメスの生殖器は種ごとに対応関係があります。ですから、異種間では生殖器の形状が合わないため、交尾ができません。

さて、イワワキオサムシとマヤサンオサムシの交雑帯では交尾片が破損したオスが多く現れることが知られており、これは異種間での無理な交尾

図 14.9　イワワキオサムシとマヤサンオサムシの生殖器の違い

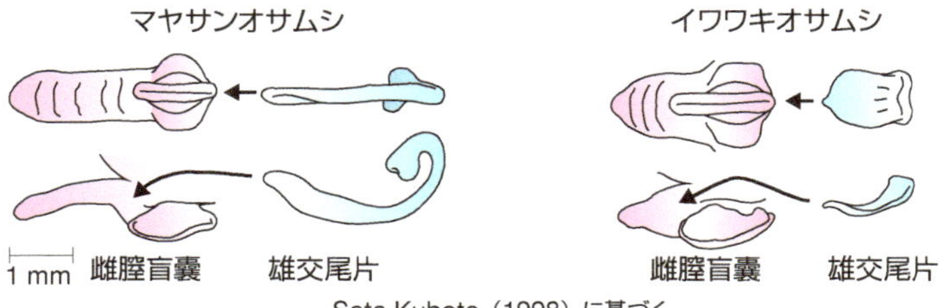

Sota Kubota（1998）に基づく

のためだと考えられています。異種間交雑の結果交尾片を破損した場合、死んでしまうこともあります。たとえ生き延びたとしても、生殖器を欠損し、それ以降の交尾は難しくなります。こうした機械的隔離による障壁が両種の雑種の誕生を妨げ、交雑帯が広がらない要因となっているのです。

配偶体隔離

体外受精をする生き物ではどのようにして生殖的隔離が成り立っているのでしょうか。海水中で体外受精を行う生き物の多くは、卵が精子の誘導を行っています（**図 14.10**）。つまり、卵は同種の精子を誘引する化学物質を分泌するのですが、異種の精子は誘引しません。それに加えて、卵が異種の精子と偶然出合ってしまったとしても、卵を覆う化学物質が異種の精子との受精を拒絶する働きをもつため、通常は受精には至りません。例えば体外受精をするウニの場合、2 種の卵を混合した上にどちらかの種の精子をかけると、受精するのは同種の卵にほぼ限られます。こうした化学的な配偶体隔離は、DNA にコードされたタンパク質の働きです。

植物でも同様の隔離が知られています。同種間で受粉が起こると、めしべの先（柱頭）についた花粉は発芽し、花粉管を伸ばし、それが胚に達し、受精します。一方、異種間で受粉が起こっても、この一連の過程のどこかの段階で阻害が生じます。例えば、チョウセンアサガオの異種間受粉の場合、花粉管の伸長が遅くなったり、途中で止まったりすることが知られています。アブラナ科では、異種の花粉で発芽することはあるものの、花粉管が柱頭組織に侵入できません。

図 14.10　紫色のウニと赤いウニを用いた異種間の受精実験

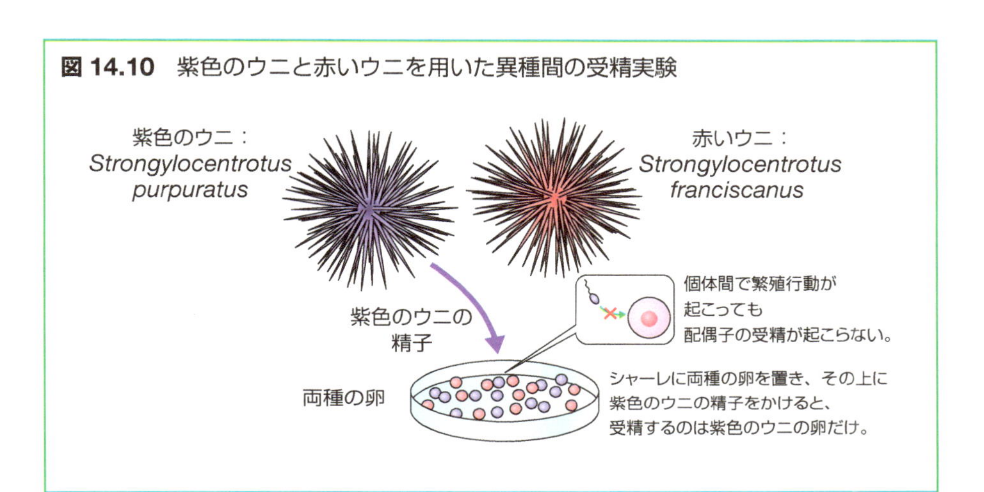

交配後隔離

雑種の生存不能

たとえ異種間で受精に至ったとしても、受精卵がそのまま死滅したり、その後の胚発生の過程で胚が死んだりすることがほとんどです。胚発生が進んだとしても、それら個体の多くは生殖期に達する前に死亡します。遺伝的に相当近縁な間でなければ、雑種が生存することはまずありません。

交雑帯では雑種が形成されることもありますが、ほとんどの場合、雑種個体は生殖期に達する前に死亡します。北米に住むアマガエル 2 種はしばしば交雑をしますが、その結果生じる雑種個体は、親種個体より死亡率が高いことが知られています。エンマコオロギとエゾエンマコオロギは北海道南部と本州の東北地方に広い交雑帯をもっています。野外でこれらの雑種が見つかることはありません。一方実験室で飼育すれば、エゾエンマコオロギとエンマコオロギの雑種を簡単に作ることができます。しかし、その雑種のオスは成虫になる前に死んでしまいますし、メスは一見成虫にまで育つように見えますが、繁殖能力をもちません。

雑種不妊

生存のための最小限の遺伝子がそろえば、雑種個体が育つこともあるようです。しかし、仮に雑種個体が成熟期まで育つことができても、たいていは生殖能力をもちません。この理由の多くは、減数分裂がうまく進まないことにあります。親種の染色体数が異なればもちろんのこと、たとえ同じであっても、両親に由来する染色体が減数分裂の途中で対合できなければ、それ以上減数分裂を進められません。

例えば、ロバとウマの雑種であるラバは成熟期まで育ちますし、粗食に耐えるなど体も丈夫ですが、繁殖能力をもちません。ウマの染色体数が64本であるのに対し、ロバのそれが62本のため、ラバでは63本となり減数分裂ができないからです。雑種不妊の現象はウマとシマウマ、ウシとヤク、ライオンとヒョウ、サクラソウの仲間同士など、動植物を問わずたくさんの例が知られています。

雑種崩壊

生き物の多くは二倍体で、相同染色体を一対もっています。では、対をなす二組の相同染色体は、何らかの役割分担をしているのでしょうか。たとえば、一組さえあれば遺伝的な機能には問題がなく、もう一組はその保険のような役割を果たしているのでしょうか。じつはそうではないようです。相同染色体はお互いに調和しながら遺伝的な機能を担っていることがわかってきました。雑種が形成されると、二つの異なった相同染色体の組み合わせが生じます。すると相同染色体同士の調和が乱れ、生存確率が減少することがあるようです。例えば、雑種第一代では親種個体と遜色ない生存率を見せる場合でも、雑種世代が増すにつれて生存率が減少していくことが知られています。これは、雑種内の相同染色体の間の調和がゆっくりと、しかし確実に乱れていくためだと考えられています。

例えば、ショウジョウバエの *Drosophila pseudoobscura* と *D. persimilis* との間の雑種個体は、親と変わらない生活力を見せます。さらに、メスの雑種個体は子供を残せるので、どちらかの親種と繁殖させることで（これを戻し交雑といいます)、雑種第二代を得られます。しかし、この雑種第二代の生存率は、親種個体に比べると明らかに低いことがわかっています。これは相同染色体の調和が乱れたためだと説明されています。

14.3 生殖的隔離の起源

ここまでは「どのような状態が生殖的隔離にあたるのか」、という視点で生殖的隔離を見てきました。次は、生殖的隔離がどのように進化してきたかを考察してみましょう。これには複数の説が提案されています。

アメリカの生物学者、マラー（Muller, H. J.）は、異なる地域に分断された集団が、長い時間異なる自然選択圧にさらされた結果、遺伝的に分化し、その一つの表れとして生殖的隔離が生じると主張しました。

フィッシャーやドブジャンスキーは、マラーとは異なる、以下に示すような見解をもっています。雑種はたとえ形成されたとしても、弱い個体を生じさせ、雑種不妊や雑種崩壊を起こすかもしれません。また、別々の方向に進化した集団が交雑すると、お互いの強みがかき消される可能性も高いです。これは、一生に産める子供の数が少ない生き物でとくに大きな問題になるでしょう。せっかく作った少数の子供が雑種のために生存や繁殖能力が低く、その子供が子孫を残せないならば、結局は自分の遺伝子が雑種世代で途絶えることになります。このような状況では、雑種個体を作る無駄を排除するような自然選択が生じ、生殖的隔離が強くなるように進化するはずです。こうした進化を生殖的隔離の強化と呼んでいます。

一生に可能な繁殖の回数が少なく、雑種は形成されるが適応度が低いという条件に当てはまる種では、生殖的隔離の強化が案外簡単に起こるかもしれません。例えば、性選択（より良い繁殖相手を探すという異性のえり好み）がこれを引き起こすかもしれません。性選択による進化は、クジャクのオスの尾羽根や、交尾前の儀式的な繁殖行動を生じさせた原動力として、最も有力視されています。性選択がある場合、一方の性の形質の変化が他方の性の形質の変化を引き起こしながら、一方向的に急速に進化が進むと予想されています。このような進化をランナウェイ（runaway、暴走の意）といいます。

それでは、ランナウェイによる進化の考察をもう少し進めましょう。ギンケイやコクホウジャクなどは、オスが長い尾をもつことが知られています。ある種の鳥のオスの長い尾が性選択を原動力とするランナウェイにより形成されうることを、ゲーム理論を用いて説明します（**図 14.11**）。こ

図 14.11　ランナウェイによりオスの長い尾が進化するシナリオ

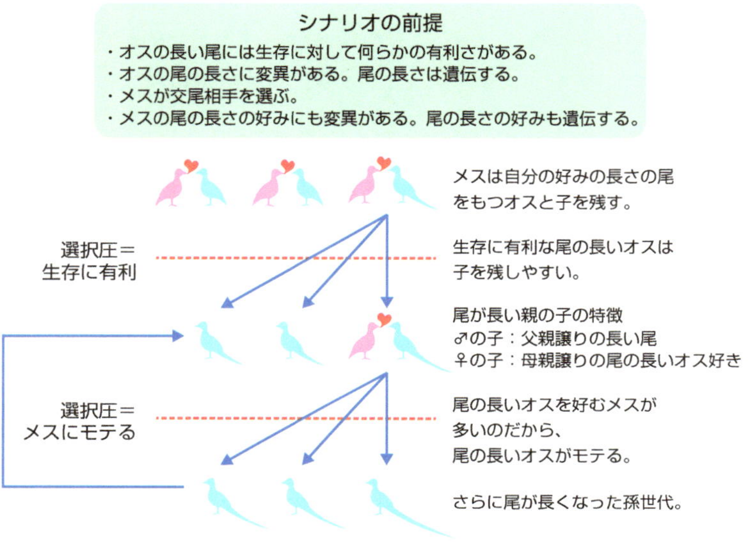

シナリオの前提
・オスの長い尾には生存に対して何らかの有利さがある。
・オスの尾の長さに変異がある。尾の長さは遺伝する。
・メスが交尾相手を選ぶ。
・メスの尾の長さの好みにも変異がある。尾の長さの好みも遺伝する。

メスは自分の好みの長さの尾をもつオスと子を残す。

選択圧＝生存に有利

生存に有利な尾の長いオスは子を残しやすい。

尾が長い親の子の特徴
♂の子：父親譲りの長い尾
♀の子：母親譲りの尾の長いオス好き

選択圧＝メスにモテる

尾の長いオスを好むメスが多いのだから、尾の長いオスがモテる。

さらに尾が長くなった孫世代。

のゲームには、個別の前提が五つあります。

(1) あるオスの尾の長さは、生存に対して何らかの有利さがあり、長い尾をもてばそれだけ長生きできる可能性が上がる。その結果として、繁殖回数の期待値が高まる。

(2) オスの尾の長さは遺伝する。

(3) メスが交尾相手を選ぶことができる。

(4) オスの尾の長さが、メスが交尾相手を選ぶ条件である。

(5) メスの尾の長さの好みは遺伝する。

以上の前提で、オスの尾の長さの進化を考えましょう。

長い尾のオスを好むメスが、生存率が高い長い尾をもつオスと交尾し、生存率が比較的高い、長い尾をもつオスの子供を作ります。このオスは長い尾をもつので、そうでないオスに比べて適応度が高くなっています。一方、この子供には、長い尾のオスを好むという習性も遺伝しています（これを、長い尾の遺伝子とそれを好む遺伝子のヒッチハイクと呼びます）。

このようにして、集団には、世代を重ねるにつれて、長い尾を作る遺伝子と長い尾を好む遺伝子が広まります。すると、集団内に長い尾を好むメスの数が増えるわけですから、長い尾をもつオスが自然とモテるようになります。つまり尾の長いオスは、メスにモテるという利点が生じ、このために子孫をより多く残せるようになります。

メスにモテるというのは、生存率を上げるという、長い尾がもたらすそもそもの利点とは全く独立の効果です。ここまでくると、メスの選り好みだけでオスの尾が長くなる方向にどんどん進化していくことになります。このランナウェイによる進化は、オスの尾が長すぎて生存に不利益になる程度と、メスにモテて子供を残せる有利さの程度が釣り合う所まで進むはずです。

ランナウェイにより、尾の長いオスとそれを好むメスという強い結びつきが進化してしまえば、この鳥のメスは、近縁だけれども尾が長くない別種のオスと交尾することはなくなるでしょう。すなわち、ランナウェイにより生殖的隔離が強化されるということです。

鳥の尾の長さは一例ですが、ランナウェイによりさまざまな配偶者選択システムが急速に特殊化すれば、少なくとも理論上は急速な生殖的隔離の強化が起こりえます。本当にランナウェイが起こったかどうか、実際に突き止めることはできません。とはいえ、グッピーのオスの体にあるオレンジ色の模様など、ランナウェイが起こったことをほのめかす現象はいくつも観察されています。

14.4 生物学的種の概念の問題点

さて、こうして当時の標準的な種の概念としての生物学的種の概念にたどり着きましたが、それが完璧な種の定義というわけではありません。もともと定義ができない種を定義しようとしているわけですから、必ずどこかにほころびが出てきます。近年ではそのほころびが大きくなりすぎて、いかんともしがたくなってきました。では、生物学的種の概念にはどんな問題があるのでしょうか。

クライン

生物学的種の概念の問題点を指摘する前に、クライン（cline、勾配の意）と呼ばれる現象を紹介します。生殖的隔離がない集団の分布が広範にわたる場合、必然的に、地理的に離れている個体どうしが交配する機会は少なくなります。また、遠く離れた集団は異なる環境に生息することになり、地域集団ごとに異なる自然選択圧にさらされるかもしれません。こういった理由から、地理的な距離に伴って形質の滑らかな変化が見られることがあり、これをクラインと呼んでいます。

先述したアジアに広く分布するナミテントウの鞘翅斑紋の変化や、日本列島で見られる北から南に向かったエンマコオロギの頭幅の増大など、多くの例が知られています。ナミテントウの場合、日本列島では北に向かって紅型が増え、二紋型が減少します。翅斑紋は単一遺伝子座の複対立遺伝子によって決められ、生存や繁殖に有利になる型がある証拠は得られていません。ナミテントウの翅斑紋のクラインは、単純に地理的に離れた個体間の交配が制限されるために生じた、遺伝子頻度のクラインと見ることができます。

日本列島に広く分布する小型のバッタであるハラヒシバッタでも、前胸背板に現れる斑紋にクラインが見られます。この斑紋は左右対称になった黒紋が基本型ですが、紋が全く無い無紋型も存在します（**図 14.12**）。ハラヒシバッタの斑紋型を黒紋の有無により二型（黒紋型・無紋型）に分類すると、オスには高緯度地方ほど黒紋型頻度が高くなる緯度クラインが存在しています。これも単純に、距離による交配機会の減少によるものかもしれません。

図 14.12　無紋型と黒紋型のハラヒシバッタ

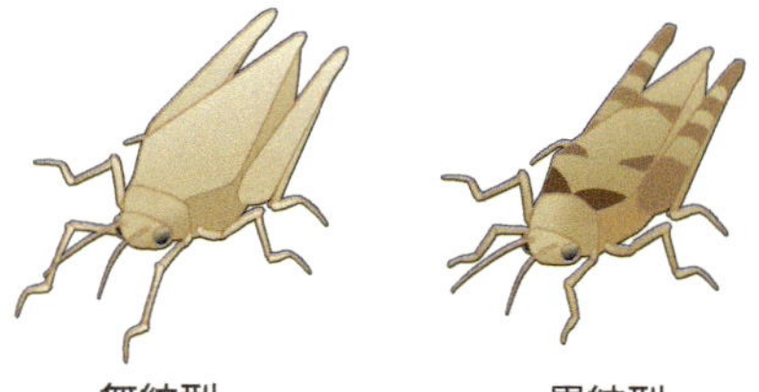

無紋型　黒紋型

鶴井・西田（2010）に基づく

しかし、もしかすると、この緯度の増加に伴う黒紋型の増加は、環境の変化とも関係しているかもしれません。黒紋型のほうが無紋型よりも温まりやすいので、低緯度では黒紋による悪影響（オーバーヒート）が大きくなることが予想されます。特にメスを探して炎天下を歩き回らなければならないオスにとって、この影響は大きいかもしれません。このため低緯度では、黒紋型が自然選択により排除された可能性も考えられます。このように環境と結びついて現れるクラインは、生態的クラインと呼ばれています。

輪状種

何らかの地理的な障壁があり、それに沿ってしか分布が広げられない場合、生き物の分布は、障壁を中心としたドーナツ状になります。例えば、ある標高以上では生息できない生き物が、その標高より高い場所を含む山岳地帯で分布を広げる過程を考えてみましょう。この生き物は山岳地帯中心の標高の高い範囲に侵入できないので、山の裾野で生育限界より低い標高に沿って分布を広げていくでしょう。すると最後には、拡大する分布の両端で、同じ起源をもちながら、別々に分化した集団が出合うことになるはずです。ちょうどクラインがドーナツ状に形成されて、その両端の集団が出合うことにあたります。そして、こうした分布をなしている種を輪状種と呼んでいます。

現在、輪状種と疑われているものには、北極を囲むように生息しているカモメ属のセグロカモメ、アメリカ西海岸で渓谷部分を取り巻くように分布するエシュシュルツサンショウウオなどが知られています。ここでは、最も輪状種の可能性が高いヤナギムシクイを紹介します。

ヤナギムシクイは北から中央アジアの森林に広く分布する小さな鳥で、ヒマラヤを取り巻くように分布しています。DNAの解析から、この鳥はもともとヒマラヤの南部にいた祖先に起源をもつことがわかりました。およそ2万年くらい前まで続いた最終氷期には、ヒマラヤ周辺の森林はほとんど消失してしまったようです。しかしおそらく南部だけには森林が残り、ヤナギムシクイのレフージア（避難場所）になっていたのでしょう。それが、氷期の終焉に伴う森林の拡大とともに、山脈に沿って東西に分布を広げたようです（**図14.13**）。

東に進んだ集団は、長い時間をかけてヒマラヤの東側を、中国を通って拡大し、ついには東シベリアに達しました。途中の中国東南部に分布の空白地帯がありますが、これは最近の森林減少によるもので、少し前までそ

図 14.13 ヤナギムシクイの分布

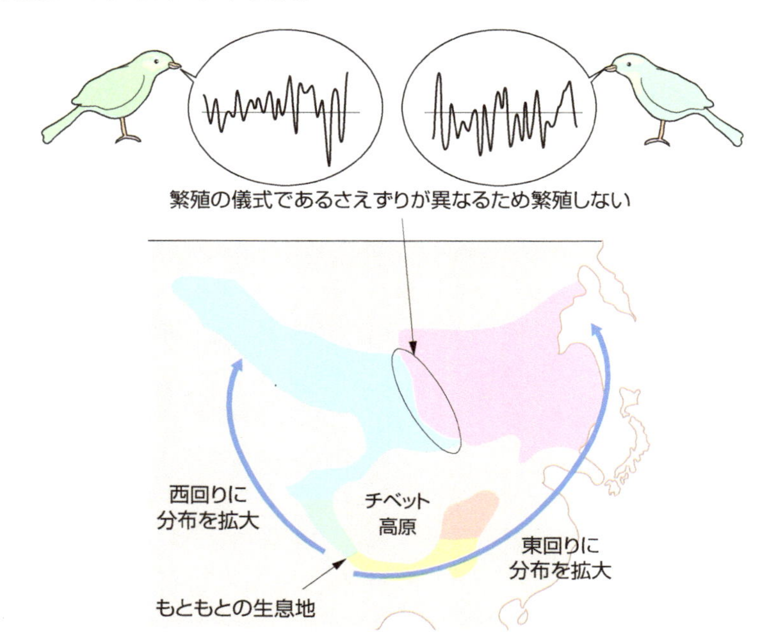

ヤナギムシクイは 6 つの亜種に分けられる（本図ではそのうち 5 亜種を示す）。
これら亜種は隣り合う亜種と交配可能である（生殖的隔離は無い）。
ただし、中央シベリアで隣り合う 2 亜種の間にだけは、生殖的隔離が形成されている。
ヤナギムシクイは、何種からなると考えればよいのか？　Irwin et al.（2001）に基づく

こもヤナギムシクイが住む森林地帯でした。

一方で、西に進んだ集団は、ヒマラヤの西側を通って中央アジアへ北上していきました。ただしチベット高原は乾燥のため森林が成立できず、ヤナギムシクイが分布しない空白地域になっています。東回りの集団と西回りの集団は、最終的に中央シベリアで再会しました。輪状種の完成です。

さて、このヤナギムシクイの輪状種は生物学的種の概念に問題を投げかけています。じつは、ヤナギムシクイは東回りでも西回りでも、互いに隣り合う集団同士は交配可能です。ですから、生物学的種の概念を当てはめれば、すべての集団が同種、すなわち広い分布域をもつ１種ということになってしまいます。そうした場合、中央シベリアで再会した両端の集団の関係が問題となります。これら二つの集団は、翼の模様とさえずりかたが

お互いに異なっています。交配がなかった長い年月をかけて、二つの集団は別々の方向に進化したのです。

そして、これらの違いは、彼らにとっては重要なものでした。というのも、ヤナギムシクイはこの翼の模様とさえずりかたで交尾相手を決めていたからです。実際、中央アジアで再会した二つの集団は、交配することはまずありません。ということは、これらの集団に生物学的種の概念を当てはめれば、別種となります。これは、隣り合う集団同士の関係から判定した先ほどの結論と異なります。

こういった場合、同種と考えるべきなのでしょうか、それとも別種と考えるべきなのでしょうか。どちらにしても、矛盾が残る判定となってしまいます。

保守性の問題

輪状種の問題以外にも、生物学的種の概念は問題をはらんでいます。その問題とは、生物学的種の概念を厳密に当てはめると、従来の分類と大きく異なってしまう点です。これは保守性の観点から問題となります。私たちになじみの深いイヌが含まれるイヌ属を例に考えてみましょう。

北米に生息するイヌ属には、たがいに比較的近縁な、シンリンオオカミ、タイリクオオカミ、コヨーテ、イヌなどが含まれています。彼らは見かけや習性が大きく異なるので、当然私たちは古くからそれらを別種として扱ってきました。しかし、イヌ属のこれらの種はすべて染色体数が同じなので、もしかすると交雑が可能なのではないか、と疑われていました。交雑が可能ならば、生物学的種の概念によれば、同種と判定されてしまいます。

そんな中、すべての種のDNAが詳しく調べられ、それぞれの種に特有のDNAがあることが明らかとなりました。そして、ある種に特有のDNAが他の種に現れることがないかも調べられました。すなわち、DNAに残された痕跡から、過去の交雑の歴史を探る試みです。

すると、それぞれの種の中には、頻度は小さいながら、他の種に特有のDNAをもつ個体がいることが判明しました。これは、イヌ属ではかつて、種を超えて交雑があった証です。すなわち、イヌ属の異種個体間はまれに交雑し、雑種が形成され、その子孫が脈々と生存し続けていることになります（**図14.14**）。この事実から、イヌ属のこれらの種には生殖的隔離が

図 14.14　シンリンオオカミ、タイリクオオカミ、コヨーテ、イヌの交雑可能性

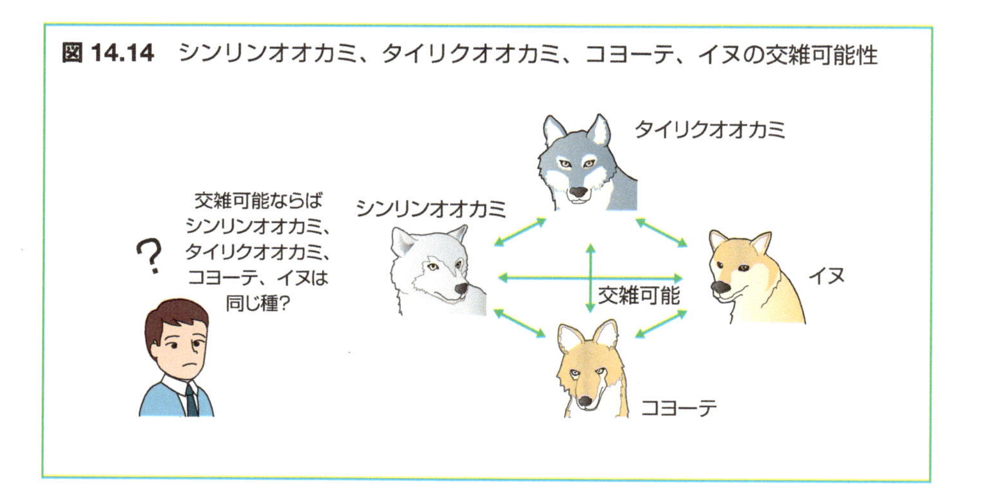

完全には形成されていない、と言わざるをえません。

それでは、私たちがオオカミやイヌやコヨーテと呼び分けていた生き物たちは幻想で、これらすべてを含む"イヌっぽい生き物"として一つにまとめ直さなければならないのでしょうか。

オオカミとイヌの間で生殖的隔離が形成されていない事実は、驚くに値しないかもしれません。イヌは人類が家畜化した最初の動物だといわれています。しかし、いつ、どこで、どうやってイヌが誕生したか、その詳細はわかっていません。少なくとも数万年前に、今は絶滅してしまったオオカミの1種から作られたと考えられています。一般的に、数万年という期間は生殖的隔離を形成させるには不十分な長さなので、いまだイヌ属の種間で交雑が可能だとしても不思議ではありません（よく調べられているショウジョウバエでは、生殖的隔離が起こるには通常数十万年が必要だといわれています）。問題は、「イヌ属のこれらの生き物に生物学的種の概念を当てはめて分類すべきか」につきます。

厳密に当てはめれば、"イヌっぽい生き物"として大きな一つの種にまとめるべきでしょう。しかし、イヌもオオカミもコヨーテもいなかったことになる分類結果には、多くの人が違和感を覚えることでしょう。今までの分類結果と大きくずれ、多くの人の感覚からずれてしまうこの分類は、保守性に大きな問題があります。

こういった例は至るところで見られます。もう一つ紹介しましょう。日

本固有のニホンザルと台湾固有のタイワンザルの関係です。どちらもマカク属に属する近縁なサルですが、外見は大きく異なっており、種レベルで異なると扱われてきました。しかし、人為的に日本に持ち込まれたタイワンザルが野生化し、ニホンザルとの間に雑種個体を作り始めるという事件が起こりました。

これは、動植物の人為的な移入がもたらす問題の例としてよく取り上げられる事例ですが、一方でタイワンザルとニホンザルの間には生殖的隔離がないことも示しています。タイワンザルとニホンザルは地理的に隔離され、出合うことがなかったため交雑ができなかっただけで、潜在的には交雑が可能だったのです。第14.2節で確認したように、地理的に隔離されているだけでは生殖的隔離には該当せず、同種と判定されます。それではこれらのサルも、一つの種にまとめるべきなのでしょうか。

保守性の問題はDNAの情報を使えば解決できるか？

この問題に折り合いをつけるとしたら、どんな方法が考えられるでしょうか。普通、イヌはイヌ同士で繁殖をし、オオカミもオオカミ同士で繁殖をします。DNAのデータは、ごくたまに起こる程度の異種間の交雑を示します。ならば、生殖的隔離がどの程度進んでいるかをDNAの情報などを用いて定量することで、同種か別種の判断を下せばよさそうです。

しかし、この妥協案は、生物学的種の概念の最大の利点を台無しにしてしまいます。私たちは生物学的種の概念を用いることで、量的な判断基準から解放され、質的・客観的な判断基準を手に入れたはずです。しかし、生殖的隔離がどの程度進んでいるか、という基準を用いることは、再び恣意的な量的基準に基づく議論に引き戻してしまうことに他なりません。もともと、形態学的種の概念から生物学的種の概念へ変化した大きな理由が量から質への転換だったのですから、それが担保できないとすれば、私たちは生物学的種の概念にこだわらなくてもよいことになります。

種の保全

生物学的種の概念を厳密に生き物に当てはめるべきかという問題は、思わぬ方向からも問題となりました。絶滅危惧種の保全です。第V部で詳しく述べますが、現在は大量絶滅の時代で、生物多様性の損失・減少が大きな問題になっています。

アメリカ東南部には、他の地域に生息するオオカミと見た目が大きく異なるため、アカオオカミと名づけられ、独立した種と扱われてきたオオカミの集団がいます。このアカオオカミは最近、個体数を300頭以下まで激減させ、絶滅が心配されています。そこで、アメリカ政府は絶滅を回避するためのプロジェクトを立ち上げ、さまざまな保護活動を展開しています。

そんな中、見た目が他のオオカミと異なるアカオオカミの分類学的な取り扱いに関して、異論が出されました。アカオオカミは北米大陸東北部に生息するシンリンオオカミと生殖的隔離がなく、両者は同じ種だという見解です。つまり見た目が大きく異なるものの、“北米大陸東南部に隔離されたシンリンオオカミ”がアカオオカミの正体だというのです。

もしこれが事実ならば、私たちは、アカオオカミと呼んでいたオオカミの保護をどう考えればいいのでしょうか。アカオオカミの正体がシンリンオオカミならば、このオオカミ集団の保護は絶滅危惧種の保護になりません。たとえ北米大陸東南部に隔離されたシンリンオオカミが消滅しても、同じシンリンオオカミがアメリカ大陸東北部に何千頭と生息しており、彼らは絶滅しそうもないからです。

日本でも生物多様性の減少の問題は深刻で、多くの生き物の種が絶滅の危機にさらされています。そこで、絶滅が危ぶまれている種を保護するための法律、絶滅のおそれのある野生動植物の種の保存に関する法律（種の保存法）が1993年に施行され、日本での生物多様性の保護活動が進められています。種の定義の問題は種の保存法の適用にも関係するかもしれません。

明治時代に絶滅してしまいましたが、かつて日本にもオオカミが生息していました。このオオカミは、その外部形態が中国大陸に住むタイリクオオカミと大きく異なっていたことから、19世紀にオランダの動物学者テミンク（Temminck, C. J.）が独立した種としてニホンオオカミと命名しました。

日本にニホンオオカミという種がかつて生息していたけれども、それが絶滅してしまったという歴史を知っている読者は多いのではないでしょうか。しかし、一方で、絶滅してしまった今となっては確かめようがありませんが、ニホンオオカミはタイリクオオカミと生殖的隔離はなかったかもしれません。もしそうならば、生物学的種の概念を重視する限り、ニホンオオカミという種はもともと存在しなかったことになります。

そうすると、日本でのオオカミの絶滅は、ニホンオオカミという種の絶滅ではなく、タイリクオオカミの分布域から日本が失われたという別の歴史になります。『ドラえもん』にもニホンオオカミに関するエピソードがありますが、もしかするとこのお話さえ作られなかったかもしれません。

さてここで、ニホンオオカミの正体がタイリクオオカミで、このオオカミがまだ日本に生息していて、絶滅の危機に瀕している、という架空の状況を想像してみましょう。私たちはこの生き物を種の保存法で守れるでしょうか。同じ種は大陸にはたくさん生息しています。現実に、国外にも分布するトキやコウノトリが種の保存法の対象になっているのですから、このオオカミを対象とすることに問題はないかもしれません。

しかし、私たちが当然独立した種だと考えている地域集団を、生殖的隔離の有無とは無関係に、独立した種として扱うことでも、この問題は解決することはできます。前節で考えたように、もう私たちは生物学的種の概念にしがみつかなくてもよいのです。問題は、こうしたことを可能とする、新しい種の概念を作り出せるか、につきます。

第15章 21世紀の種の概念：生物多様性保全のために

15.1 系統学的種の概念

第14.4節で紹介した生物学的種の概念の弱点を補正しうる、新しい種の概念が提案されました。それが系統学的種の概念です。系統学的種の概念では、集団の歴史を重視して同種か異種かの判断をします。系統学的種の概念を定義するとすれば、「種とは、他のそのような群れとは独立に進化してきた個体の集合」となります。系統学的種の概念の考えは難しいものではありませんが、その実用は以下に述べる近年の技術革新により初めて可能になりました。もし今後、生物学的種の概念から系統学的種の概念への変化が起こるのならば、それはパラダイム革命というよりも、技術革新に相当するととらえられます。

最も頻繁に起こる種分化は地理的隔離によるものです（第16.2節）。この種分化の概要は以下の通りです。まず地理的な障壁により親種から地理的に隔離された集団が形成されます。するとこの集団は、親種と交配ができないので、親種とは異なった独自の方向に進化していきます。そしてやがては、親種との間に生殖的隔離が形成されるまで進化が進みます。生物学的種の概念では、生殖的隔離の形成を種の起源とみなします。しかし、生物学的種の概念に囚われなければ、生殖的隔離の完成前に種分化が完了したと考えることも可能です。十分に長い期間地理的に隔離されれば、その集団は何らかの独自の形質特徴を進化させ、それを子孫に伝えることになるはずです。その時点で、種分化が完了したと考えてもよいでしょう。この考えに基づけば、形態が大きく異なるものの、生殖的隔離が生じていないニホンザルとタイワンザルを別種として扱えるかもしれません。

ただし、この考えを実際に生き物に当てはめるためには、

(1) 他の集団とは明らかに異なった形質の分化が起こっていること

(2) 他の集団と十分長い間交配を行っていないこと

の二つを示さなければなりません。前者は形質を直接観察すれば確認できます。では後者はどうでしょうか。集団がどれだけの期間、他の集団と交配を行っていないかを示すためには、タイムマシンが必要になりそうですね。これをタイムマシン抜きに可能にしたのが、遺伝子に関する技術革新です。次節では、他集団との交配の歴史を調べるためによく用いられている、DNAのマイクロサテライトについて紹介しましょう。

15.2 マイクロサテライト

マイクロサテライトとは

DNAはATGCのいずれかの塩基をもつヌクレオチドが長くつながった分子で、塩基の配列がタンパク質の設計図になっています(第5章)。ヒトゲノムの場合、30億塩基対に及ぶというのですから、途方もない長さです。しかし、このすべての塩基配列がアミノ酸をコードしているわけではありません。偽遺伝子と呼ばれる、かつては遺伝子であったけれども、今はもう働いていない部分もありましたね(第9.3節)。ヒトゲノムでは、アミノ酸をコードしている部分は、全体のわずか2%以下にすぎません。

塩基配列を詳しく調べてみると、1~5塩基の単位の決まった配列(モチーフと呼ばれています)が繰り返されている部分があることがわかりました(**図15.1**)。例えばCAが数回繰り返されているような配列です。DNAに見られるこうしたモチーフの繰り返し配列は、マイクロサテライトと呼ばれています。サテライトというのは、"衛星"という意味で、マイクロサテライトを用いた実験の特徴から名づけられています。

マイクロサテライトはDNA内に散見され、ヒトゲノムの場合、少なくとも全体の3%を占めていることがわかっています。1996年までに、CAをモチーフにもつマイクロサテライトが5264個も見つかりました。マイクロサテライトはDNA上の決まった位置にあります。こうしたDNA上

図 15.1　マイクロサテライト

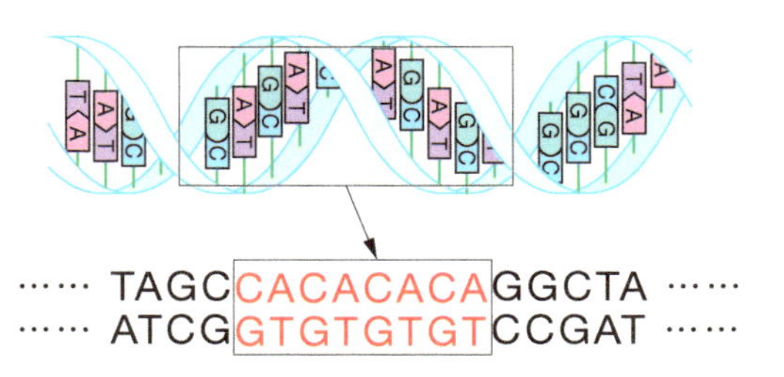

CA をモチーフにもつマイクロサテライト（赤字部分）。この場合、反復数は 4。
モチーフの反復数は変異に富む。
こうしたマイクロサテライトがヒトの場合 5000 個以上見つかっている。

の位置を遺伝子座と呼びますが、ヒトの場合、ほとんどのマイクロサテライトの遺伝子座も判明しています。そして、ヒトだけでなくあらゆる生物がマイクロサテライトをもっていることもわかっています。

マイクロサテライトはタンパク質の設計図にはなっていません。ですからマイクロサテライト部分が多少変異しても、それをもつ個体の生存や繁殖には影響しません。つまり、マイクロサテライトは自然選択に対して中立な部分です。こうした、タンパク質の設計図として使われていない DNA は、中立な過程により急速に変化するのでしたね（第 9.3 節）。マイクロサテライトも、例にもれず変異に富み、それはモチーフの反復数の違いとして現れます。

マイクロサテライトの変異は、世代を経ることで大きくなります。したがって、同じ遺伝子座のマイクロサテライトのモチーフの反復数が一致しない程度は血縁者間では小さく、共通祖先から何世代も経た、そうでない個体間では大きいことが期待されます。もう少し具体的にいえば、同じ遺伝子座のマイクロサテライトを個体間で比べれば、親子の間ではほぼ同じ反復数であるけれども、赤の他人との間の反復数は異なることが多いでしょう。

人間社会におけるマイクロサテライトの応用

マイクロサテライトのこうした特徴は、さまざまな研究・調査への応用が可能です。例えば犯罪現場に遺留品として残された体液が誰のものか、マイクロサテライトを用いて決めることができます。体液のマイクロサテライトのモチーフの反復数は、体液の持ち主のマイクロサテライトの反復数と完全に一致するからです。体液の持ち主と思われる人がいるのならば、その人から検体を提供してもらい、そのマイクロサテライトと体液のマイクロサテライトを比べれば、本当にその人が残した体液か簡単に確かめられます。

最近はワイドショーなどで、親子鑑定ということばを時々耳にするようになりましたね。取り違えさえなければ母と子の親子関係を疑う余地はありませんから、親子鑑定とは通常、生物学的な父親、すなわち子に精子を提供した人物を決定することを意味します。この親子鑑定でも、マイクロサテライトが利用できます（**図 15.2**）。

子は相同染色体を1対もっていて、一組は父に、一組は母に由来します。ですから、ある遺伝子座のマイクロサテライトを見ると、父由来のモチーフの反復数と母由来の反復数をもつことになります。ということは、子が

図 15.2　マイクロサテライトを用いた親子鑑定の例

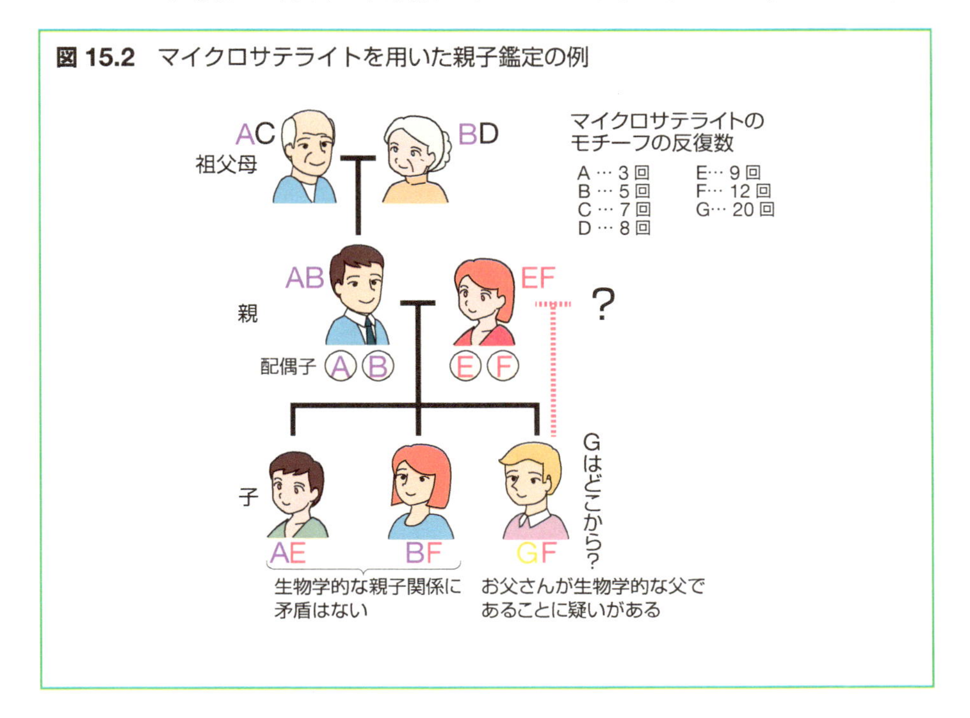

もつどちらかのマイクロサテライトのモチーフの反復数は、父がもつ同じ遺伝子座の2本のマイクロサテライトのどちらかと一致するはずです（子のもつ残りのマイクロサテライトのモチーフの反復数は、母のマイクロサテライトのどちらかと一致します）。子と父の間で同じ遺伝子座のマイクロサテライトでモチーフの反復数を比べることで、生物学的な親子の関係があるか知ることができます。

とはいえ、ある遺伝子座において、マイクロサテライトの変異が小さい場合、すなわち子のもつマイクロサテライトのモチーフの反復数がほとんどの日本人と一致するならば、他人同士でも偶然にモチーフの反復数が一致する確率が高くなり、精度の高い親子判定はできません。それに加えて、実の親子の間でさえモチーフの反復数が異なることが（少なくとも理屈の上では）起こりえます。父が精子を作る一度の減数分裂で、ごくまれにモチーフの反復数が変わることがあるからです。

こういった問題は、たった一つの遺伝子座でマイクロサテライトを比べている限り解消できません。ヒトのDNAには、数えきれないくらい多くのマイクロサテライト遺伝子座があります。そこで、複数の遺伝子座のマイクロサテライトを調べれば、親子ならば調べたほぼ全部が完全に一致するはずで、逆に一致が少ない場合は、親子関係を疑うことになります。

生き物の分類におけるマイクロサテライトの応用

マイクロサテライトは人間社会だけでなく、分類学者や生態学者が生き物を理解するためのツールとしても利用されています。ガモディーム（任意交配集団、第13.3節参照）ごとにマイクロサテライト上のモチーフの反復数の特徴を調べていき、それをガモディーム間で比較すれば、ガモディーム間の反復数の一致の程度の関係を知ることができます。反復数の特徴に全く差がないとすれば、ガモディーム間で今でも交雑が頻繁に起こっていることを示します。

一方、ガモディーム間でマイクロサテライト多型の特徴が区別できる場合は、それなりの期間交雑が起こっていないことがうかがい知れます。この場合、よく似たマイクロサテライト多型の特徴をもつガモディーム同士は最近まで交雑していたことでしょうし、マイクロサテライト多型の特徴が大きく異なるガモディーム間では長い間交雑が行われていないことでしょう。あるガモディームにのみ現れる特異的なモチーフの反復数の変異は、それをもつガモディームが他のガモディームと何らかの要因で交雑を遮断（例えば地理的な障壁ができたなどの理由で、実質的に交雑できなくなること）された後に形成された、と考えられます。

こうしたマイクロサテライトのモチーフの反復数の一致の程度の情報から推定できるのは、ガモディーム間の交雑の程度だけではありません。変異が一定の速度で起こることを前提に、時間を遡り、ガモディーム間の共通祖先を推定したり、その共通祖先からそれらガモディームが分岐してからどれくらいの時間が経過したか推定したりすることができます。こうした現時点から時間を遡って、ガモディーム間の系図を作成する解析をコアレセント解析（coalescent analysis、合祖解析）といいます（**図 15.3**）。

コアレセント解析を用いれば、「十分長い間他の集団と交雑を行っていないか」という系統学的種の概念を利用する場合に必要な疑問に答えられます。こうしてマイクロサテライト多型を用いたコアレセント解析により、系統学的種の概念の運用が可能になったのです。

図 15.3　系統学的種の概念

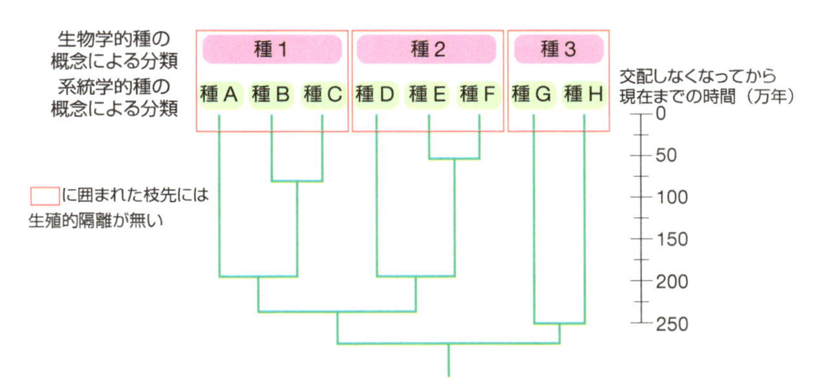

マイクロサテライトを用いたコアレセント解析により作成した系統樹を示す。
枝先は他と区別できる形態的特徴をもつグループである。グループ間のマイクロサテライトの一致の程度から、各グループがどれくらい前にどのグループから分岐し、実質的に交配していないか決定する。実質的に交配していない時間が長ければ、枝先を種とみなす。生殖的隔離があるかどうかによる生物学的種の概念を用いると 3 種（種 1〜3）にしか分けられないグループが、系統学的種の概念を用いれば 8 種（種 A〜種 H）に細分できる例を示す。

15.3 系統学的種の概念の応用例

本節では、系統学的種の概念の適用によって、従来は同種とされていたのが、別種として扱われることになった生き物の例を見ていきましょう。これらの例では、もし生物学的種の概念が当てはめられていたら、保護の対象とはならなかったかもしれない種が登場します。

ボルネオのウンピョウは大陸のウンピョウと同種か？

東南アジアに広く生息するネコ科のウンピョウは、ボルネオ島にも生息しています。ボルネオに住むウンピョウはアジア大陸のものに比べ、体色が明らかに異なるという特徴があります（**図 15.4**）。しかし、ボルネオに住むウンピョウとアジア大陸に住むウンピョウの間には生殖的隔離は形成されておらず、生物学的種の概念では同種と扱われます。

そんな中、ボルネオに住むウンピョウは個体数が少なく、絶滅の危機に瀕していることがわかりました（ボルネオ島での正確な個体数は依然不明です）。そこで、何らかの保護の手立てが必要と考えられましたが、そこに立ちはだかるのが、「同じ種が大陸にはまだたくさんいる」という意見です。

そこで、ボルネオに住むウンピョウとアジア大陸のウンピョウがどれほど長く交雑を行っていないか、マイクロサテライト多型をもとに調べられることになりました。結果は驚くべきもので、ボルネオ島のウンピョウと

図 15.4　ボルネオに生息するウンピョウと大陸に生息するウンピョウ

ボルネオ産

提供：松林尚志

大陸産

大陸のウンピョウはなんと186万年も前に分岐していました。シロクマとヒグマは同じ祖先から分岐したと考えられていますが、それは今から60万年前に起こったといわれています。それ以上の期間、これらウンピョウの集団は分断され続けているのです。

この結果をもって、系統学的種の概念がウンピョウに当てはめられ、アジア大陸のウンピョウは大陸ウンピョウ、ボルネオ島とスマトラ島のウンピョウはスンダウンピョウという別種として取り扱われることになりました。

キリンは1種か？ 4種か？

もう一つの例はキリンです。キリンはこれまで、いくつかの亜種からなる一つの種として扱われていましたが、2016年、キリンの分類が変わりました（**図15.5**）。見た目の違いとDNAの証拠から4種に細分するという考えが提案されたのです。キリンは世界でもサハラ砂漠の南側だけに住む動物です。いくつかの生息地に分かれて分布しており、多くの地域集団は他の地域集団の個体と見かけ上区別がつくため、それぞれが亜種として扱われていました。典型的な亜種としてナイジェリアキリン、コルドファンキリン、ヌビアキリン、ウガンダキリン、マサイキリン、アンゴラキリン、ケープキリン、アミメキリンが挙げられます。

これらキリンの亜種間でDNAの構造が比べられました。すると、これらキリンの亜種は、はっきりと区別ができる大きな遺伝的構造の違いをもつ、四つのグループに分けられることがわかりました。そこで、それぞれを種と呼ぶことが提案されたのです。

この提案に従うと、キリンの全生息域の北部に分布するナイジェリアキリン、コルドファンキリン、ヌビアキリン、ウガンダキリンをまとめて一つの種、「キタキリン」と呼びます。南部のアンゴラキリンとケープキリンはミナミキリンにまとめられます。東部に生息するアミメキリンとマサイキリンは、それぞれ独立した種となります。もちろんこれらの種はDNAだけでなく、見た目でもはっきりと区別がつきます。そして、DNAの情報から、これら4種のキリンは100万年から200万年前に分岐したと推定されました。

キタキリンとミナミキリン、もしくはミナミキリンと東アフリカに生息

図 15.5 系統学的種の概念のキリンへの応用

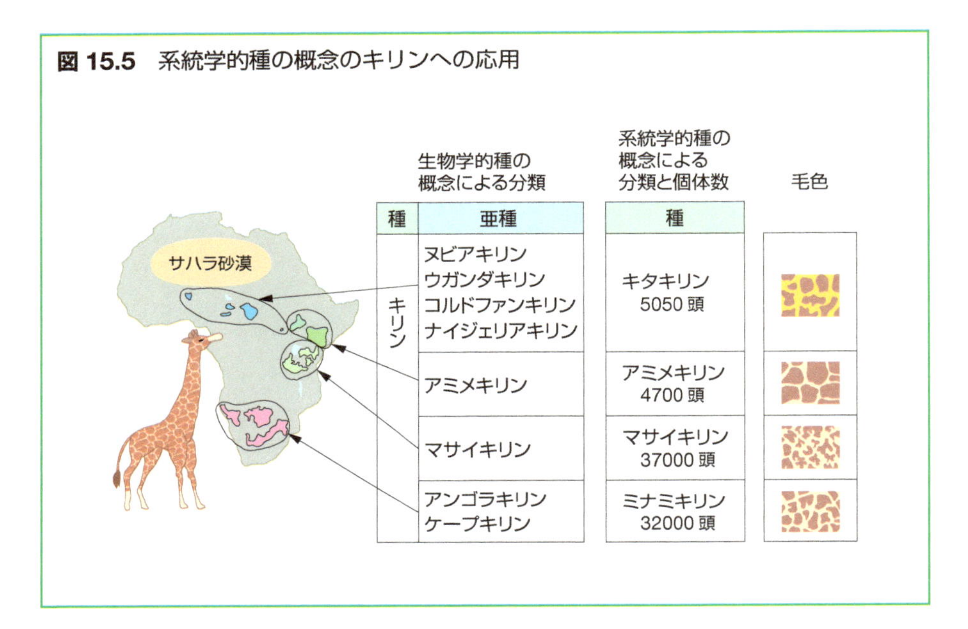

するキリン（マサイキリンとアミメキリン）は、お互いに交配できないほど地理的に離れて生息しているので、分岐したことはうなずけます。しかし、マサイキリンとアミメキリンやアミメキリンとキタキリンの生息地は一部隣接しており、交雑が起こっても不思議ではありません。

にもかかわらずDNAのデータは、彼らの間に交雑がほとんど起こっていないことを物語っています。もしかするとこれらのキリンは、毛の模様などの見た目を用いて交尾相手として同種個体を選り好んでいるのかもしれません。

キリンの4種への細分化は、キリンの保全においても意味がありました。現在キリンは全体の個体数を9万頭まで減らしています。さらにこれを四つに分けると、アミメキリンとキタキリンの個体数は5000頭ほどになり、絶滅に瀕しているといえます。

種が細分化されなければ、北部のナイジェリアキリン、コルドファンキリン、ヌビアキリン、ウガンダキリンの4亜種やアミメキリンが絶滅しても、まだ東アフリカや南アフリカにキリンがいる、という乱暴な考えもできたかもしれません。しかし、細分化により、北部の集団（キタキリン）やアミメキリンも独立して保全すべき種としての地位を獲得することができたのです。

15.4 種の概念は変わり続ける

今まで確認してきたように、種概念は時代とともに、形態学的な種概念から生物学的種概念へ、そして系統学的種概念へと変わってきました。もともと定義できない種を定義するわけですから、どのような種の概念にも無理があります。初めは完璧に見えた種の概念も、やがてはほころびが生じ、そのうちにそれが手に負えないほど大きくなってしまうのです。

こうして、種の概念は古いものから新しいものへ刷新されてきました。これからも、時代とともに、生物学の成熟とともに、種の概念は変わっていくことでしょう。

An Illustrated Guide to Evolution

新しい種の起源

ある種から別の種が生じることを種分化と言います。種分化により新しい種が誕生するのですから、まさに（新しい）種の起源ということになります。ダーウィンは『種の起源』を書いたことで有名ですが、意外にもそこには種分化についてはほとんど記されていません。種分化には、たぶん数十万年を超える長い時間が必要ですから、それを全て観察することなど不可能です。しかし、これまでの科学者たちの努力により、どういった状況で種分化が進むのか、かなり理解が進んできました。第Ⅳ部では新種の誕生（新しい種の起源）について考えていきたいと思います。

第16章 種分化

生き物の種の数は、現在記載されているものだけで少なくとも120万種、未記載のものを含めれば1千万種を超えるという推定があります（第17章）。もうすでに絶滅してしまった種もたくさんいますから、これまでに地球に現れた種のすべてを考えると、途方もない数になるでしょう。

これらの種の祖先をたどってゆけば、約40億年前に発生した、ただ一つの生き物の種に行き着くと信じられています。このたった一つの祖先種が新しい種を生み（種分化）、それぞれがまた種分化を繰り返した結果、現在見られるような、かくも多くの種が形成されたのです。地球の歴史では種分化が際限なく繰り返されてきたのですが、それはどのようにして起こるのでしょうか。種分化の過程を詳しく見れば、その道筋は種ごとに大きく違っているものの、おおざっぱに見れば、いくつかの主要な種分化のしくみが想定されます。この章では、種分化の主要なしくみについて概観していきましょう。

16.1 小進化と大進化

第I部で論じた進化は、一つの種内での世代交代に伴う形質の変化であり、かつそれを生じさせる世代交代に伴う対立遺伝子の頻度（ある対立遺伝子の出現数が対立遺伝子全体に占める割合）の変異を指していました。この進化は小進化と呼ばれています。小進化に対して大進化という言葉があります。大進化という言葉はさまざまな異なる現象に対して使われていますが、この本では、新しい種の形成を指すことにします（**図16.1**）。

大進化がどのようにして起こるのかという問題は未解決ですが、基本的

図 16.1　小進化と大進化

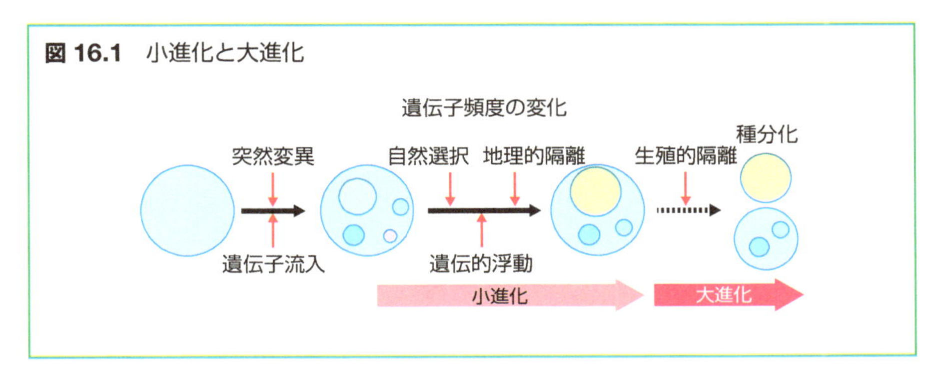

には小進化の積み重ねで起こると信じられています。ここからは大進化、すなわち新種形成のしくみを紹介していきます。種分化や種の起源ともいわれる新種形成を議論するためには、親種から娘種が誕生した、つまり種分化が完了したとみなせるのはどの段階かを決めておく必要があります。ここでは仮に生物学的種の概念を採用し、生殖的隔離が形成された時点で新種が形成されたと考えることにしておきましょう。

種分化が起こるしくみは大雑把に、異所的種分化と非異所的種分化に分けられます。前者は、地理的な障壁のために交雑が妨げられた集団が、それぞれ独自の方向に進化することで起こる種分化です。後者は、地理的な障壁がないにもかかわらず進む種分化です。

16.2 異所的種分化

地理的隔離による種分化

種分化の最も一般的な原動力は地理的隔離です。ドブジャンスキーは、ある集団がもとの集団から地理的に分断されたときに種分化が起こると考えました。また、マイヤーに至っては、地理的隔離が事実上唯一の種分化の原因だと主張しました。集団は地理的な分断・隔離によって他集団との交雑を起こさなくなるので、異所的種分化は説明しやすい種分化のしくみです。集団が地理的に分断・隔離されれば、それぞれの生息環境で異なる自然選択圧がかかったり、異なる突然変異が生じたり、はたまた分断されたことによる集団の小型化で遺伝的浮動（第9.2節参照）の影響が高まったりすることで、種分化が進んでいきます。こうした進化が生殖的隔離が形成されるまで続けば、たとえその後で地理的な障壁が取り除かれ、両集団が再会したとしても交雑は起こりえません。

地理的な障壁にはいろいろなものを想定できます。例えば、空を飛べず水中を泳げない生き物が島に住んでいる場合、海が障壁になります。陸に上がれない淡水魚では、池の分離や河川の水系の分離により地理的な隔離が起こります。ただし、進化はゆっくりとしか進まないので、種分化が起こるかどうかには、こうした地理的な障壁がどれだけ長く持続するかが重要になります。

異所的種分化はさらに分断種分化と周辺種分化に分けられます（**図16.2**）。分断種分化は、一つの集団が地理的な障壁により二つの集団に分断されることで起こる種分化です。それに対して周辺種分化は、もともと分断された移住が困難な場所に、ごくまれに小さな集団が移住することで起こる種分化です。例えば、島嶼域でそれぞれ異なる島にたどり着いた複数の集団が、たどり着いた島々でそれぞれ独自の方向に進化することにあたります。

分断種分化

分断種分化について、島に住む、空も飛べず海も泳げない陸上動物を例

図16.2　二つの異所的種分化

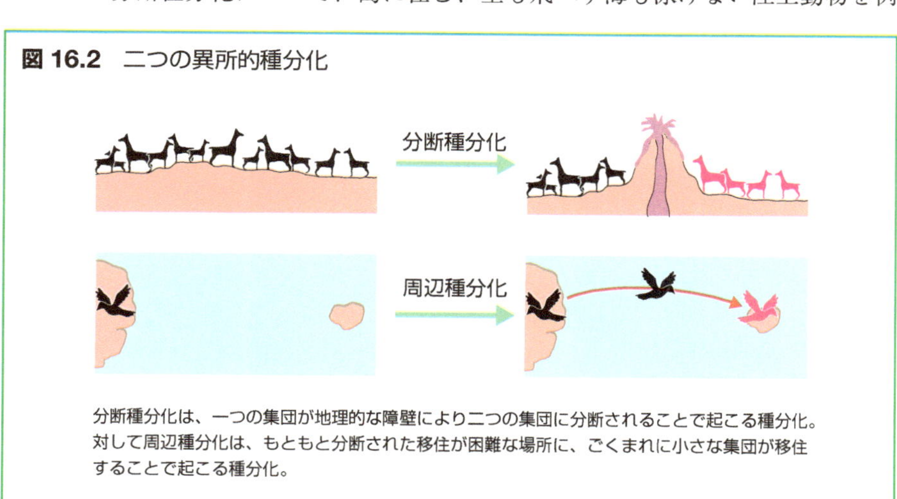

分断種分化は、一つの集団が地理的な障壁により二つの集団に分断されることで起こる種分化。対して周辺種分化は、もともと分断された移住が困難な場所に、ごくまれに小さな集団が移住することで起こる種分化。

に考えてみます。地球ではこれまで、低温の氷期とそうではない間氷期が幾度となく繰り返されてきました。氷期には、陸上に氷河・氷床が形成されることで標準海面が下がりますが、これを海退といいます。一方、間氷期には逆に、標準海面が上がる海進が起こります。

氷期の海退時に一つになった大きな島に、一つの種の集団が生息しているとしましょう。そして、そのうちに間氷期が訪れ海進が起こり、この島が二つの島に二分されたとします。するとそれぞれの島の集団の間では、海が障壁となり交雑ができなくなります。こうして、それぞれの島で独自の進化が始まります。各島の集団の進化が生殖的隔離の段階まで進めば、その後にたとえ再び氷期が訪れ、海退により一つの島につながったとしても、集団間の交雑は起こりません。したがって、その島には近縁の2種が生息するようになります。これが典型的な分断種分化のシナリオです（**図16.3**）。

種分化にはとても長い時間が必要ですから、種分化の過程をすべて観察しつくすことなどできません。ですから種分化の過程は、間接的な証拠から推測するしかありません。比較的近縁な種（究極的には一度の種分化だけで生じた種群。これを姉妹種と呼びます）の分布が異所的な場合、その事実が、それらの種が異所的種分化により形成されたことを示す間接的な証拠になるでしょう。

例えば、北米大陸と南米大陸をつなぐパナマを挟んで、カリブ海と太平

図 16.3　地理的隔離にともなう分断種分化の模式図

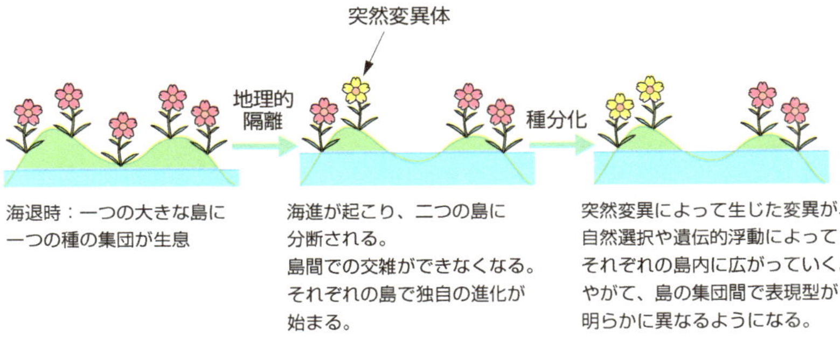

突然変異体

地理的隔離

種分化

海退時：一つの大きな島に一つの種の集団が生息

海進が起こり、二つの島に分断される。島間での交雑ができなくなる。それぞれの島で独自の進化が始まる。

突然変異によって生じた変異が、自然選択や遺伝的浮動によってそれぞれの島内に広がっていく。やがて、島の集団間で表現型が明らかに異なるようになる。

洋に分布する *Alpheus* 属のエビを見てみましょう（**図 16.4**）。これらのエビは、姉妹種の7つのペア、14種から成っています。7つ姉妹種のペア、それぞれに注目すると、一方はカリブ海に、他方は太平洋に生息しています。実験室でこれらのエビの繁殖を試みると、同種の個体間では60%以上の確率で生存力のある子孫を形成できますが、姉妹種の個体間では1%以下になります。この事実から、姉妹種の間で、とても強い生殖的隔離が形成されていることがわかります。パナマは1500万年前に出現し、300万年前に完全に形成されました。これらの姉妹種は、パナマができるまでは同じ一つの種だったエビが、パナマの形成によりカリブ海と太平洋に隔離され、種分化した結果だと考えられています。

さて問題は、「私たちが目にする、かくも多くの種が、地理的な隔離の繰り返しによって生まれたのか」です。地理的隔離はそれほど頻繁に起きるのでしょうか。私たちが書き残してきた歴史を見ても、海面変動による島の出現や消失の記録は、それほど多くはありません。しかし、私たちが書

図 16.4 カリブ海と太平洋に分布する姉妹種のエビの分布とそれを説明する分断種分化

300 万年前

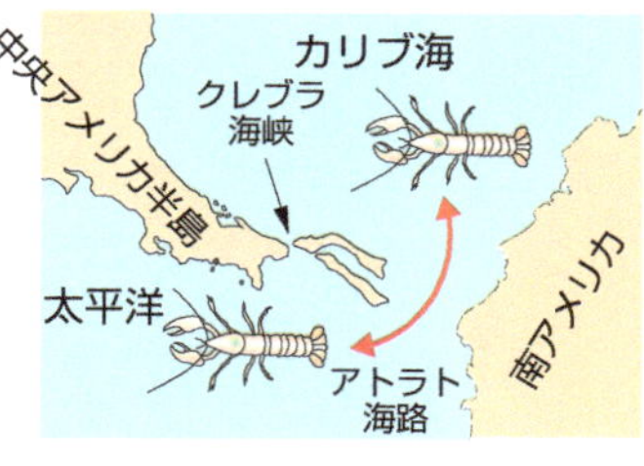

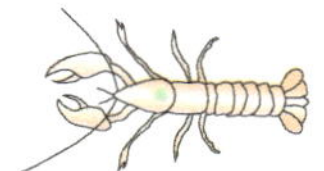

かつては祖先種がカリブ海から
太平洋まで広く分布していた。

現在

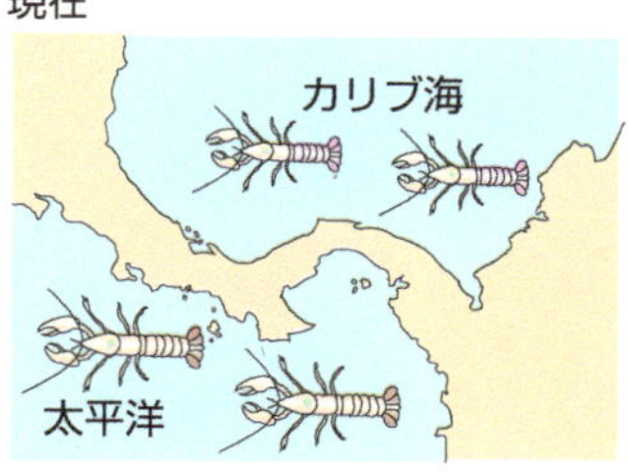

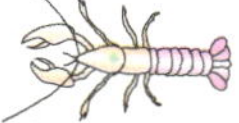

パナマによってカリブ海と太平洋が分断され、
一つの種はカリブ海で、もう一つの種は
太平洋で、それぞれ独自の進化を遂げた。

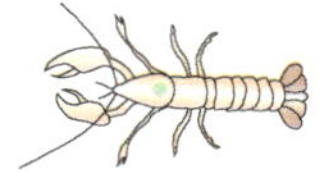

物に書き残してきた期間よりももう少し長い時間スケールで考えると、違ったふうに見えてきます。

例えば、今から２万〜１万８千年前の最終氷期の最寒期には標準海面が今より 120 m も低かったようですし、6500〜5500 年前は今より 4 m 以上も標準海面が高かったようです。今では台湾南部からフィリピンに生息するタイワンシラトリやモノアシガキなどの貝が、6500〜5500 年前には関東に生息していたことがわかっています。このことから、この時期は日本周辺が温暖だったと推測されます。ここ数万年だけでもこれだけ大きな海面の変化があったわけですから、海進と海退による島の消長が頻繁に起きたことは容易に想像できます。

周辺種分化

周辺種分化と分断種分化では、地理的に隔てられた集団の大きさが大きく異なります。地理的に隔離された集団が小さければ小さいほど、その遺伝子頻度はもとの集団から大きく変化します。最も極端な例は、交尾を済ませた一頭のメスが新しい生息地に侵入、繁殖した場合です。この後に集団サイズがどれだけ大きくなろうが、すべての個体はその祖先である移住メスの受精卵がもっていた遺伝子しかもちえません。このように、移住個体が少なかったために新しい集団に生じる遺伝子頻度の変化は、ビン首効果と呼ばれています。また移住メスを創始者（founder）と呼び、移住による遺伝子頻度の変異を創始者効果と呼ぶこともあります。ガラパゴス諸島やハワイ諸島、小笠原諸島などの大洋中の島で起きた種分化の多くには、強いビン首効果がかかっていたと考えられます。

ハワイ諸島には 345 種ものショウジョウバエ属の種が生息し、そのうち 73％がハワイ諸島の固有種です。この中には、斑紋翅群（picture-winged group）と通称される、翅に模様があるショウジョウバエのグループがあり、このグループだけで 105 種も含むことが知られています。斑紋翅群はハワイ諸島だけにしか生息しないので、ハワイで誕生し、ハワイで爆発的に種分化したグループと考えるべきでしょう。

ハワイ諸島は、北西 - 南東方向にほぼ一列に並んだ大小さまざまな 130 あまりの島からできています（**図 16.5**）。これらの島々は、海底火山の噴火により流出した溶岩が冷え固まることで作られました。海底火山が噴火

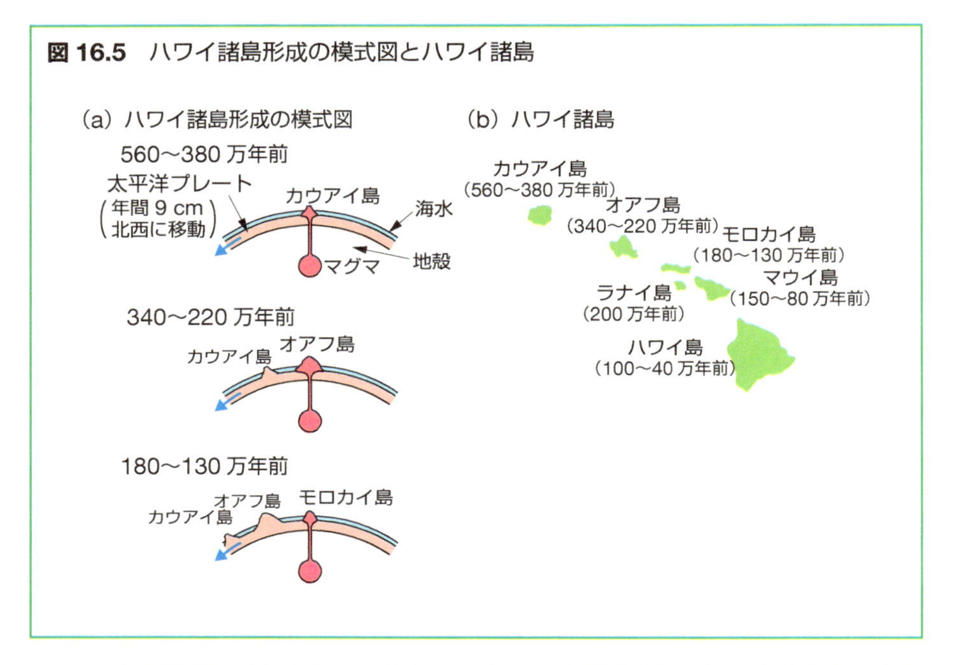

図 16.5 ハワイ諸島形成の模式図とハワイ諸島

する場所はほとんど変わらない一方で、太平洋プレートが北西方向に水平移動し続けているため、島々が一列に並んでいるのです。ですから、この諸島では、北西の端のカウアイ島が最も古く、南東の端にあたるハワイ島が最も若いということになります。カウアイ島が形成されたのは560万〜380万年前、ハワイ島ができたのは100万〜40万年前と推測されています。

さて、斑紋翅群に話を戻しましょう。この種のほとんどがカウアイ島、オアフ島・モロカイ島・マウイ島の複合島、ハワイ島のどれかの固有種です。たぶん、受精直後のメス個体がハワイ諸島以外のどこかの島からカウアイ島に移住し、そのままそこで種分化した集団がすべての斑紋翅群の祖先種になったのでしょう。次いで、この祖先種集団の一部がハワイ諸島の別の島に移住し、そこで種分化する、という過程が幾度となく繰り返されて、現在見られるような豊富な種数に達したと考えられています（**図 16.6**）。中には、いちど島を出た集団が別の島で種分化を遂げ、その娘種がもとの島に戻ってきたこともあるでしょう。このような移住を多重侵入といいます。現在の種数に達するためには、島から島への移住が少なくとも45回

図 16.6　想定されているハワイ諸島での斑紋翅群の最小の島間の移住

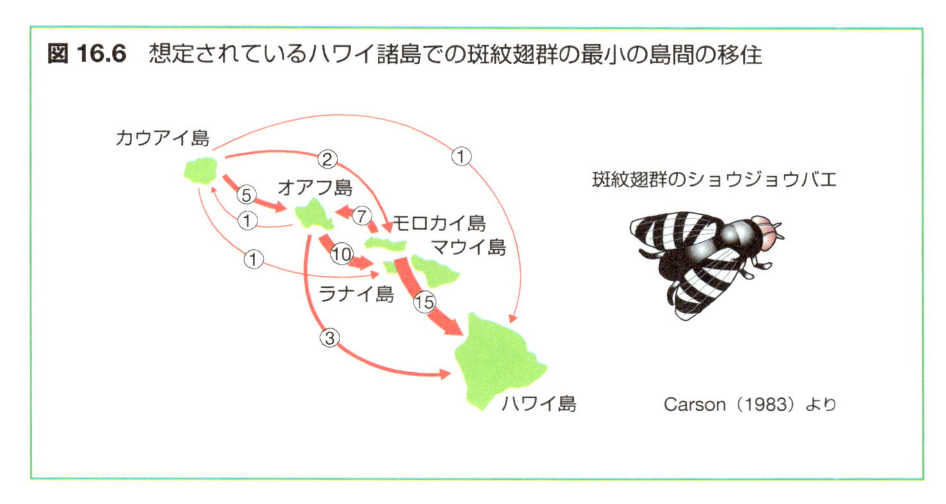

はあったと推定されています。

16.3 非異所的種分化

交雑が起こりうる状況での種分化

分布の重なり合った二つの集団が、それぞれ別方向へ進化し種分化していくことを、非異所的種分化と呼んでいます。非異所的種分化は、異所的種分化と比べて一気に成立のハードルが上がります。この種分化では、交雑が起こりうる状況下で集団の一部だけが独自の方向へ進化し、それを生殖的隔離まで進めなければならないからです。はたしてこんなことが可能なのでしょうか。マイヤーもありえないと考えた非異所的種分化ですから、にわかには信じられません。しかし、非異所的種分化を可能にする理論もありますし、非異所的種分化が起こったと考えるほうが無理なく説明できる動物や植物の種群もあります。

こうした事態を受けて、非異所的種分化も十分起こりうる種分化のしくみであると考える立場と、非異所的種分化はまだまだ十分に確かめられておらず、種分化のしくみの一つと認めるのは時期尚早だと考える、相対する立場があります。非異所的種分化による種分化が実際に起こりうるのか、もし起こりうるのならばどれだけの汎用性のあるしくみなのか。これらの疑問を明らかにするためには、いっそうの研究の積み重ねが必要です。

さて、非異所的種分化も大きく二つ、側所的種分化と同所的種分化に分けられます。側所的種分化は、交雑はあるものの自由ではなく、多少制限されている状況で進む種分化で、同所的種分化は、交雑が完全に自由に行われる状況で進む種分化です。順番にくわしく見ていきましょう。

側所的種分化

側所的種分化の説明としてもっともよく用いられるのが、クラインモデルです。ある種の分布が広範囲に及ぶ場合、生息環境に対応したクラインを作る場合がありましたね（第14.4節参照）。クラインモデルでは、異なる地域を占める部分集団が、それぞれの生息する地域独自の自然選択圧を強く受け、その環境に特化した進化を遂げることを想定しています。

ただし、たとえある集団が地域独自の自然選択圧を受けたとしても、その部分集団に接している別の部分集団との間で交雑があれば、その地域への特化は阻まれるはずです。こうした状況で種分化を進めるためには、側所的に分布する別の部分集団との交雑により進化を留まらせる効果よりも、自然選択による進化を進める効果のほうが強くなければなりません。もしくは、その生き物の移動能力が小さく、分布の周辺で起こる交雑の効果が部分集団全体に広まりにくいことが必要です。ただし、いったん部分集団の特殊化が始まれば、急速に生殖的隔離の強化（第14.3節）が進むことも期待できます。

クラインモデルによる側所的種分化は理論的には起こりえます。では本当にこのしくみで種分化した種はいるのでしょうか。日本列島に広く分布するエンマコオロギは、今のところ一つの種として扱われていますが、このしくみで種分化している途上かもしれません（**図16.7**）。エンマコオロギは、幼虫や成虫の状態では寒さに弱いため、卵の状態で冬を乗り越える必要があります。したがって、気温がある温度以上の期間に幼虫から成虫となり、さらに繁殖して卵を産まなければ生き延びることはできません。

エンマコオロギは個体によって幼虫の発育期間の長さが異なります。春が遅く、秋が早く訪れる（寒い時期が比較的長い）北部日本では、エンマコオロギの発育期間が短いのです。この地域では、早く成虫にならなけれ

図 16.7　北日本と南日本のエンマコオロギ

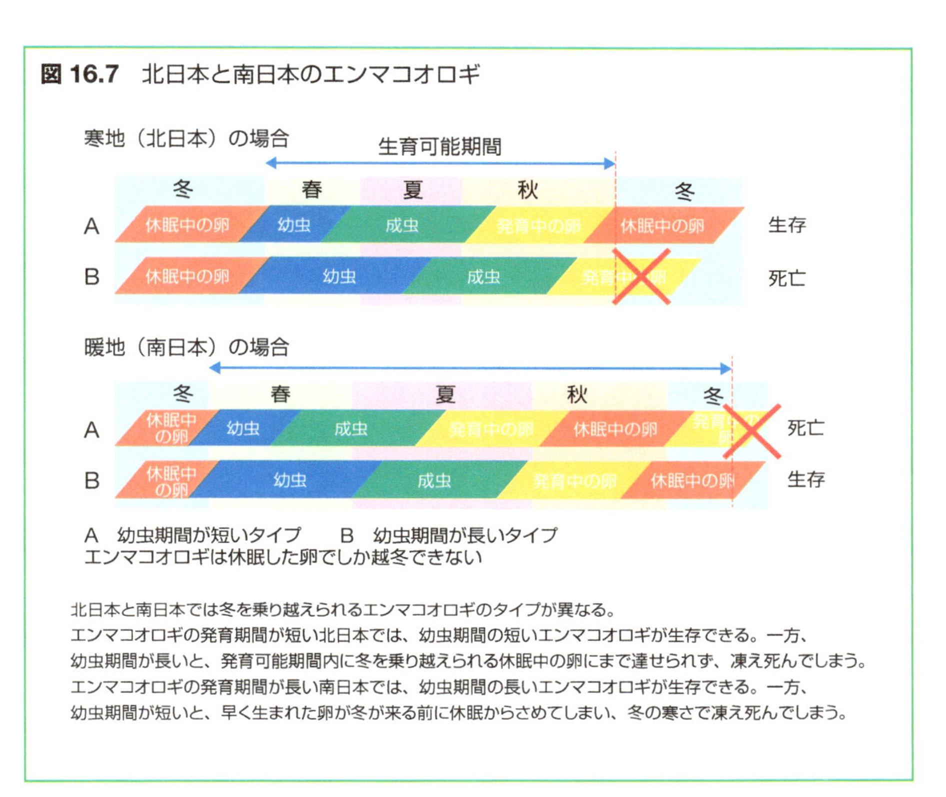

北日本と南日本では冬を乗り越えられるエンマコオロギのタイプが異なる。
エンマコオロギの発育期間が短い北日本では、幼虫期間の短いエンマコオロギが生存できる。一方、幼虫期間が長いと、発育可能期間内に冬を乗り越えられる休眠中の卵にまで達せられず、凍え死んでしまう。
エンマコオロギの発育期間が長い南日本では、幼虫期間の長いエンマコオロギが生存できる。一方、幼虫期間が短いと、早く生まれた卵が冬が来る前に休眠からさめてしまい、冬の寒さで凍え死んでしまう。

ば冬が来る前に産卵を終えられないので、幼虫期間の短い個体が自然選択に好まれます。逆に発育期間を長くとれる南部日本では、幼虫期間が短い個体は早く産卵しすぎてしまい、卵の生存に不利です。この地域では、幼虫期間の長い個体が自然選択に好まれます。

こうした、緯度に沿った気温勾配と対応した異なる自然選択圧にさらされ続ければ、やがてエンマコオロギは日本列島の中で側所的に種分化するかもしれません。

隣接して分布する姉妹種が見つかれば、それは側所的種分化の状況証拠になるかもしれません。クラインモデルによる側所的な種分化が起これば、姉妹種がこうした分布を形成するはずだからです。姉妹種が側所的に分布する例はたくさんあります。例えば、交尾のために発光することで有名なゲンジボタルは、その明滅パターンが異なる二つの集団に分けられ、それらが側所的に分布することが知られています。フォッサマグナを境に、約

図 16.8　フォッサマグナをはさんで分布する、明滅パターンが異なるゲンジボタル

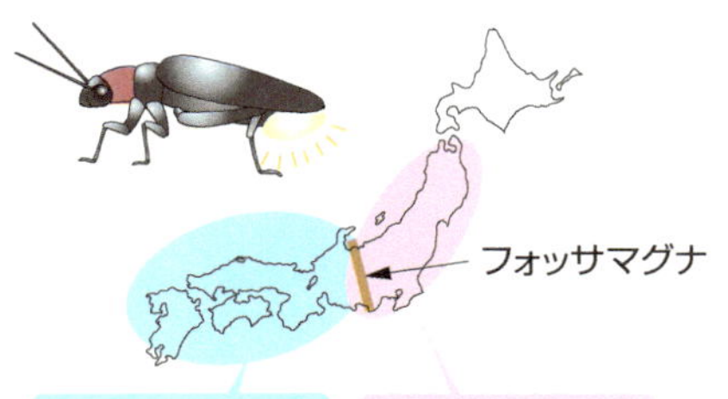

4 秒間隔で明滅する東日本型と、約 2 秒間隔で明滅する西日本型に分けられるのです（**図 16.8**）。

東日本型と西日本型のゲンジボタルは同じ種として扱われていますが、明滅パターンが異なることから、分布が重なる地域においてもほとんど交雑が起きてはいないようです（両型間の交雑があるという報告もありますから、交配後生殖的隔離は完全ではないようです）。ゲンジボタルの 2 型は側所的な分布をしているので、側所的種分化により生じたように見えます。

しかしこの側所的分布は、別のシナリオでも説明が可能です。すなわち、西日本型と東日本型がそれぞれ西日本と東日本のどこかで異所的に種分化し、生殖的隔離が形成された後にそれぞれが分布を拡大し、現在フォッサマグナあたりで分布の境界が重なっている、という考えです。そもそも、フォッサマグナの西で明滅間隔が短くなるほうが適応度が上がり、東ではその間隔が長いほうが適応度が高い、という状況はなかなか思い浮かびません。姉妹種が側所的な分布を見せることは多いのですが、結局はその側所的な分布パターンからだけでは、その姉妹種が異所的に種分化した結果なのか、側所的に種分化した結果なのか判別することはできないのです。

定所的種分化――側所的種分化の別モデル

側所的種分化の別のモデルに、定所的種分化があります（**図 16.9**）。南オーストラリア、アデレード近郊に生息するバッタは、染色体の構造と数

図 16.9 オーストラリア、アデレード付近での *Vandiemenella* 属の 12 のグループの分布図

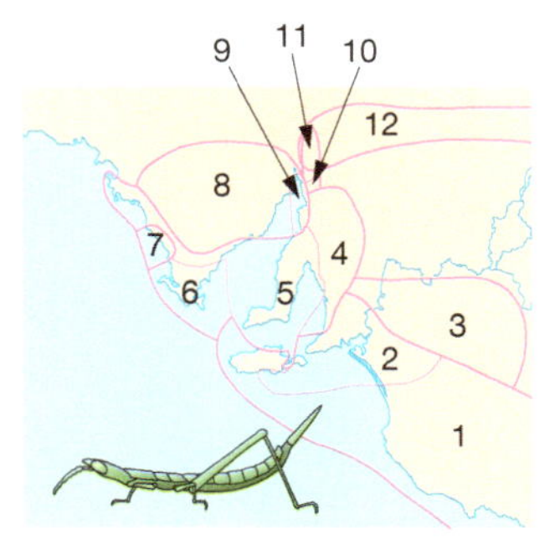

このバッタは染色体の構造と数が異なる
12 のグループ（1〜12 で示した）からなる。

White（1978）に基づく

を異にする合計 12 個のグループに分けられることがわかっています。これらのバッタは翅が完全に退化して飛べず、歩き回ることも苦手です。この地域には地理的な隔離が認められませんから、異所的な種分化によってこれら 12 個のグループが形成されたようには見えません。こうした状況でのバッタの種分化の説明に、定所的種分化が用いられました。

まず、バッタの種分化の要因は染色体の構成の変化だと考えます。ある場所に発生した、数または構造を変化させた染色体をもつ集団がゆっくりと分布を拡大しました。そのうちに、別の染色体構成を持つ集団と分布が重なるようになりますが、染色体の違いから、雑種が形成されたとしてもいずれ崩壊します。これらのバッタの移動能力はきわめて乏しいことから、交雑帯が広がることもありません。したがって、現在見られるような、染色体構成の異なる集団の側所的なモザイク状の分布が形成・維持されている、という考えです。

しかし、ある個体に生じた、他個体との間の生殖的隔離を作る染色体の構成変化が、どうやって集団に広がりうるのでしょうか。また、広がりうるのならば、なぜ特定の地域以上に広がれないのでしょうか。このように、側所的種分化は疑問点も多い学説です。

同所的種分化

同所的な種分化は、側所的な種分化よりさらにハードルが上がります。

図 16.10　同じゲノムの 2 倍体と 6 倍体と考えられているリュウノウギクとノジギク

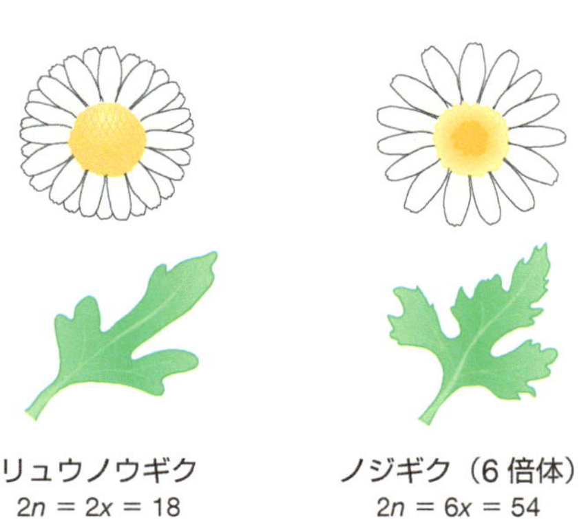

ノジギクのほうが植物体が大きく、花や葉の形が異なる。
ゲノムの染色体数（x）を 9 本と考えると、ノジギクはリュウキュウギクの 6 倍体となる。
他に倍数体として疑われている種にワカサハマギク（4 倍体）、サツマノジギク（8 倍体）、オオシマノジギク（10 倍体）があり、花や葉の形が異なる。

自由に交雑できる状況での種分化は起こりうるのでしょうか。

倍数体形成による種分化

一番ありそうな同所的種分化は、定所的種分化モデルでも考えた染色体の変化に伴う種分化、特に植物における同質倍数体や異質倍数体の形成による種分化です。倍数化による 1 世代での種分化ならば、何の問題もなく同所的に起こりえます。第 6.2 節でも紹介したとおり、植物には染色体の変化に鈍感なものが多くいます。つまり、多少変化が起こっても、そうでない個体と比べてそん色ない生存や繁殖を見せることがあるのです。

同質倍数体の形成による種分化が疑われる例として、日本産キク属植物を挙げられます（**図 16.10**）。リュウノウギク、ワカサハマギク、ノジギク、サツマノジギク、オオシマノジギクの染色体数はそれぞれ 18 本、36 本、54 本、72 本です。これらは、ゲノムの染色体数を 9 本と考えた場合の、2 倍体、4 倍体、6 倍体、8 倍体、10 倍体にあたります。これらの種は染色体の同質倍数化により形成されたのではないか、と強く疑われています。

異質倍数体の形成によっても新しい種ができます（**図 16.11**）。この例として最もよく知られているパンコムギの種分化を紹介します。私たちが普段利用しているパンコムギは、複雑な異質倍数体の形成によって生まれたと考えられています。日本の遺伝学者である木原均によるその形成のシナリオは以下のとおりです。現在も、トルコ、イラン、イラクに自生しているヒトツブコムギと、やはり同じ地域の畑の雑草として見つかるクサビコムギが雑種を形成し、スパゲッティ用に栽培されているマカロニコムギが最初に形成されました。さらに、こうして作られたマカロニコムギと雑草であるタルホコムギが交雑し、パンコムギが形成したのです。

タルホコムギ、ヒトツブコムギ、クサビコムギの交雑実験により、パンコムギを作り出すことに成功していますから、このシナリオが正しい可能性はきわめて高いでしょう。異質倍数体による種分化の例として、他にも東アジアのエンレイソウ、北米のチャセンシダ、日本のツルボなどが知られています。

分断淘汰

倍数化による即時的な同所的種分化は起こりうるとして、集団レベルで漸次的に進む同所的種分化は起こりうるのでしょうか。たとえ集団の一部が独自の方向へ進化し始めたとしても、この集団が残りの集団と交雑することで、せっかく始まった進化も進化前の状態に戻ってしまうはずです。ただし、漸次的な同所的種分化を可能にする理論的なしくみは提唱されています。

同所的種分化のしくみとして分断淘汰があります。これは、集団がある形質について幅広い変異をもっていて、その中で適応度が高い形質が二つある場合、集団がその適応度の高い二つの別々の方向へ進化しうる、という考えです（**図 16.12**）。例えば、ある鳥の種においてくちばしのサイズに大きな変異があるとします。そして、この鳥は果実に頼って生きており、この鳥の食べることができる果実には大きなものと小さなものしかないとします。すると、くちばしが大きな個体と小さな個体が中間のサイズのくちばしをもつ個体より生存に有利になるでしょう。この場合、自然選択により集団はくちばしが大きなものと小さなものの両極に向かって、集団を二分するように進化していきます。自然選択圧がとても強く、かつその状

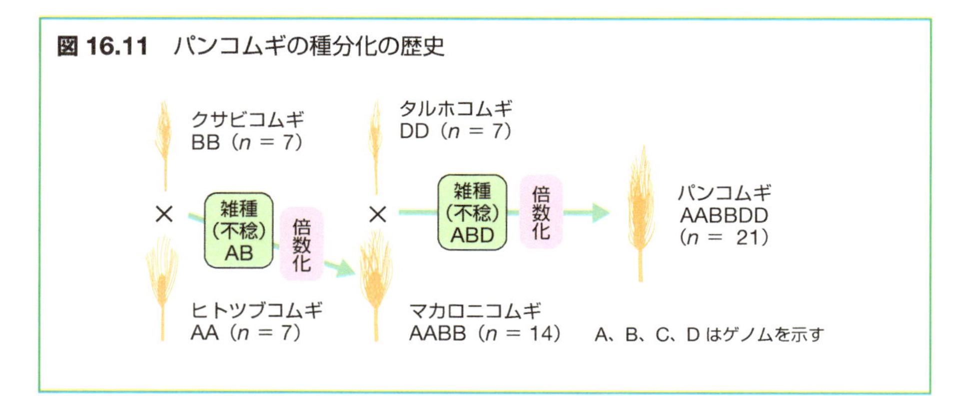

図 16.11 パンコムギの種分化の歴史

態が長く続けば種分化が起こりうる、という考えです。

北米産のミバエは、分断淘汰により同所的に種分化しつつあると考えられています（**図 16.13**）。ミバエの本来の宿主はバラ科のサンザシでした。サンザシを食べ、サンザシに産卵する特性をもっていたのです。そこに、ヨーロッパからバラ科のリンゴが移入されました。すると、リンゴを宿主とするミバエが現れたのです。リンゴはサンザシよりも早い時期に結実し、リンゴとサンザシの結実期はほとんど重なりません。したがって、リンゴを食べるミバエ集団はサンザシを食べる集団より早く発生するようになり、両集団が出合うことはほとんどなくなりました。これが両集団間の交尾を妨げているようです。これら集団の間では、交配後の生殖的隔離も少しずつ形成されつつあるようです。食草を異にすることで同所的種分化を起こした例として、この他にマダラテントウやトガリシダハバチが知られています。

同所的種分化により形成されたと考えるほうが自然な種群も多く知られています。その典型的な例は、アフリカの湖に生息するシクリッド（カワスズメ）の仲間です（**図 16.14**）。アフリカの湖には信じられないくらいたくさんの種のシクリッドが生息しています（**図 16.15**）。例えば、ダーウィンの箱舟ともいわれる東アフリカのビクトリア湖には、500 種以上のシクリッドが生息しています。これらシクリッドの種がビクトリア湖に固有なことから、この湖の中でシクリッドが爆発的な同所的種分化を遂げたのではないかと考えられています。考えられている種分化のシナリオを紹介しましょう。

図 16.12 分断淘汰の模式図

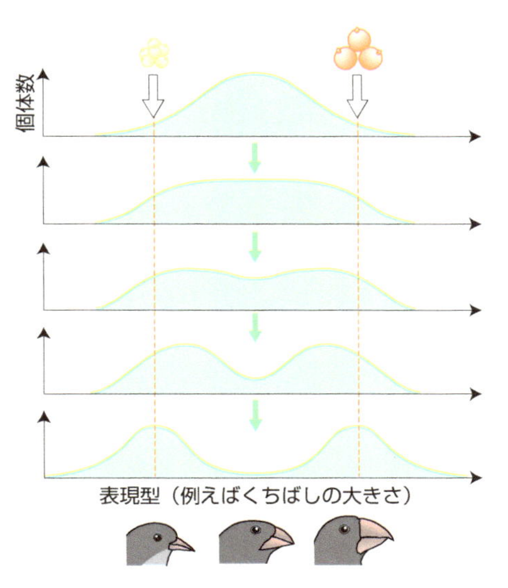

白抜きの矢印が適応度の高い表現型。こうした場合、自然選択により集団を二分するように進化が進む。
くちばしの大きさで考える。大きなくちばしは大きな果実を、小さなくちばしは小さな果実を食べるのに有利とする。その鳥が食べることができる果実が小さいものと大きいものしかなければ、小さいくちばしと大きなくちばしの適応度が高く、中間のものは低くなる。
その結果、くちばしが大きいものと小さいものが自然選択され、その中間はいなくなる。

ビクトリア湖は75万～25万年前に形成されましたが、湖の堆積物の証拠から、およそ1万5千年前に完全に干上がったといわれています。この推測が正しいとすれば、このときに当然、湖のシクリッドはいったん絶滅したことでしょう。ですから、現在の500種以上のシクリッドは、湖が再形成された後に移入した、たった2種の祖先種が種分化した結果だと考えられています。もしこれが本当ならば、この魚は爆発的に種分化したことになり、脊椎動物の中で最大の種分化速度をもつことになるでしょう。

ただし、現在の500種以上のシクリッドの分布を別のシナリオで説明することも可能です。すなわち、湖は完全に干上がったわけではなく、ところどころに水溜りや泉が残され、そこがシクリッドのレフージア（避難場所）になったとする説です。さらに、こうした水溜りが地理的に隔離され

図 16.13　宿主の変化に対応したミバエの種分化

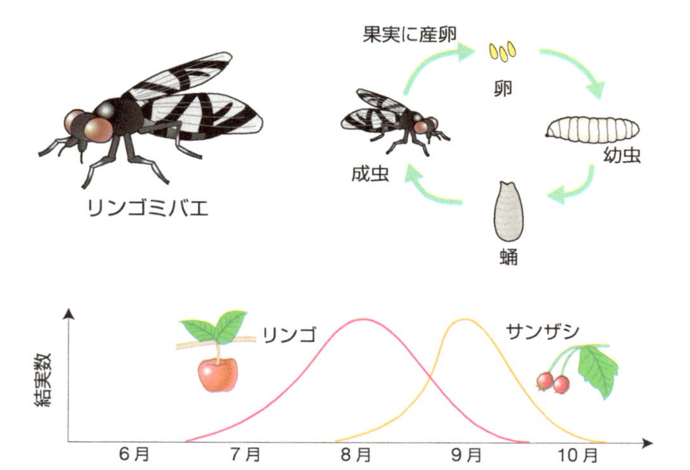

北米ではリンゴは８月くらいに、サンザシは９月くらいに結実のピークを迎える。
ミバエは繭で越冬し、宿主とする果実の時期に合わせて成虫になり、交尾し、
卵を果実に産みつける。果実の中で卵は孵化し、幼虫は果実を食べて生活する。
リンゴに寄生するミバエは８月のリンゴのピークに合わせて成虫になる。
一方、サンザシに寄生するミバエは９月のサンザシの時期に成虫になる。
このため、両者が出合うことはほとんど無い。

図 16.14　ビクトリア湖

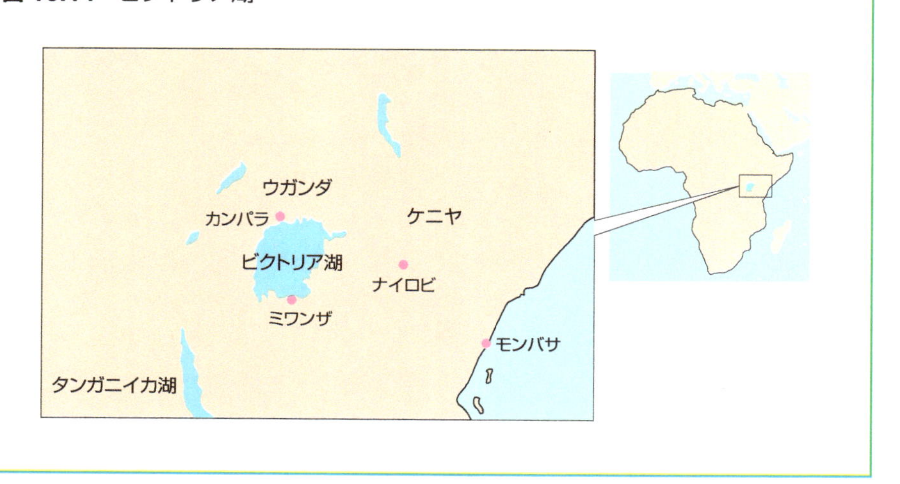

図 16.15 タンガニイカ湖に生息するシクリッド

砂の多い岩場を泳ぐシクリッド。小型種も含めて 4 種は数えられる。（提供：高村健二）

ていたので、それぞれの水溜りで異所的にシクリッドが種分化し、それらが湖の再形成とともに同所的に分布するようになったという考えです。この考えでも、現在のシクリッドの多様性を説明できます。

分断性淘汰

これらシクリッドが同所的に種分化をしたと考える人たちは、いかにしてかくも多様な種に分化できたのか、そのしくみも考えています。その一つに挙げられるのが分断性淘汰です。分断性淘汰とは、集団の中にオスに対する好みが異なる２タイプのメスがいて、メスの好みによりオスの形質が選択され、その結果、同所的に種分化が進むという考えです。

ここで、ビクトリア湖に生息する２種のシクリッド、体の青い *Pundamilia pundamilia* と体の赤い *P. nyererei* に注目しましょう（**図 16.16**）。前者は水深１m 程度の浅瀬に、後者は水深４m 程度の若干深いところに生息しています。両種は色覚にも違いがあり、*P. pundamilia* のメスは青色がよく見え、*P. nyererei* のメスは赤色がよく見えていることもわかっています。また、水が濁っていると波長の短い青色の光は吸収され

図 16.16　体の青い *Pundamilia pundamilia* と体の赤い *P. nyererei* の分断性淘汰による種分化の模式図

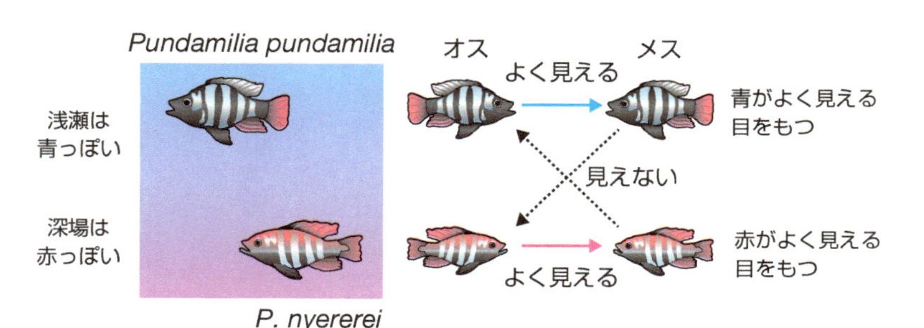

やすく、深場まで届きません。深場には波長の長い赤い光だけが届くので、赤っぽい環境になります。これらの情報をもとに、分断性淘汰により共通祖先からこれら2種のシクリッドが種分化するシナリオを考えてみましょう。

両種の共通祖先は浅瀬から若干の深場まで広く分布していました。この中には、赤がよく見える個体と青がよく見える個体がいました。青がよく見える個体は青い光が届くため物を見やすい浅瀬を本拠地とします。一方、赤がよく見える個体は深場で有利になりますから、深場が本拠地となります。すると深場に住むメスには、深場の赤っぽい光環境と赤に敏感な視覚のために、赤っぽいオスがよく見えます。ここではもしかすると、メスからは青っぽいオスがほとんど見えていないかもしれません。そうだとすれば当然、より赤っぽいオスがメスに選択されるようになります。同様に、浅場ではより青っぽいオスがメスに選択されます。この状態が長く続けば、浅場に住む青いシクリッドと深場に住む赤いシクリッドの2種に共通祖先種から種分化する、というシナリオです。

さらに青や赤の体色が、それぞれの種の性行動を誘発する鍵刺激（本能行動を引き起こす刺激）にまで進化すれば、行動的生殖的隔離が形成され、生殖的隔離はより強力になります（第14.3節）。このしくみによりビクトリア湖では、プンダミリア属だけでなく、多くの魚たちが種分化を進めたと考えられています。

同所的種分化のもう一つの問題　親種との共存

漸次的に進む同所的種分化で忘れてはならないのは、親種と娘種の共存です。同所的種分化により形成した新しい種（娘種）を待ち受けている問題は何でしょうか。それはたぶん、親種との間で繰り広げられる、生活に必要な資源をめぐる過酷な種間競争です。二つの種が同じ生態系で安定して共存し続けられるか（この状態を平衡共存といいます）、それとも種間競争が起こり、一方の種が他方の種を駆逐するのか、その運命を決める条件はよくわかっています。

1930年代、旧ソビエト連邦の生物学者ガウゼ（Gause, G.）はゾウリムシ、ミドリゾウリムシ、ヒメゾウリムシで3パターンのペアを作り、各ペアを一つの水槽で飼育し、平衡共存が形成されるかを観察しました（**図16.17**）。その結果、これらゾウリムシの中に、平衡共存できる種の組み合わせと、できない種の組み合わせがあることを明らかにしました。ゾウリムシとミドリゾウリムシは平衡共存できますが、ゾウリムシとヒメゾウリムシの組み合わせでは種間競争が起こります。そして、その競争に勝つのはヒメゾウリムシで、やがて水槽はヒメゾウリムシだけになります。

ガウゼはさらに、平衡共存のしくみについても詳しく調べました。ヒメ

図16.17　ゾウリムシとミドリゾウリムシ、ヒメゾウリムシの混合飼育実験

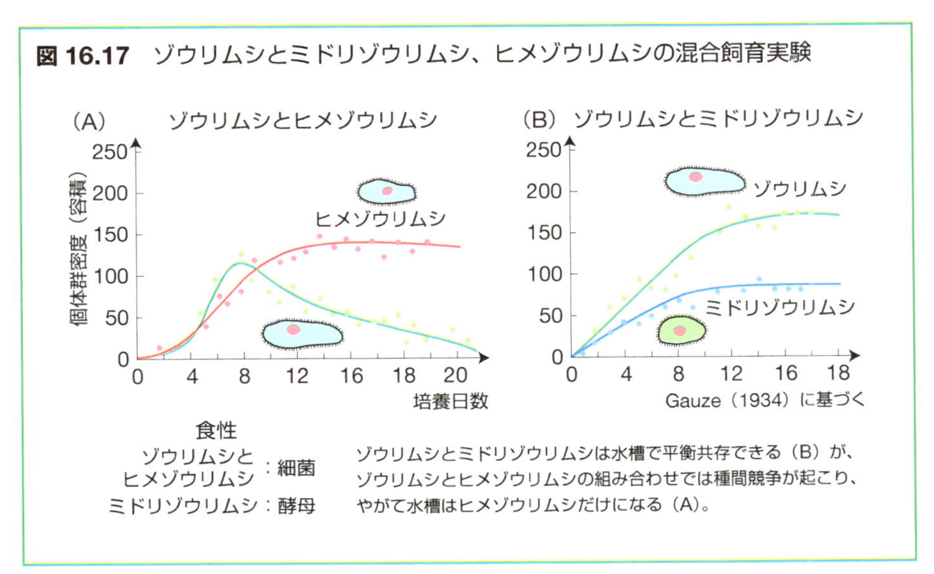

ゾウリムシとミドリゾウリムシは水槽で平衡共存できる（B）が、ゾウリムシとヒメゾウリムシの組み合わせでは種間競争が起こり、やがて水槽はヒメゾウリムシだけになる（A）。

ゾウリムシとゾウリムシはどちらも同じ細菌を食べます。ですからこの2種の間では細菌を巡る激しい種間競争が起こり、増殖速度に勝るヒメゾウリムシが種間競争の末、生き残ります。一方、ミドリゾウリムシは細菌ではなく酵母菌を食べるので、ゾウリムシとの間に競争が起こりません。

食べ物などの生きるための必要条件を生活要求といいます。ガウゼによれば、二つの種が平衡共存できるかどうかは、両種の間に生活要求の違いがあり、競争が回避できるかどうかによります。さまざまな生活要求をまとめたものをニッチ（生態的地位）といいます。「ニッチ」は今ではビジネス用語のようなイメージがありますが、もともとは生態学でこのような意味で使われていた言葉です。平衡共存するための条件は、種間でニッチが異なり、種間競争を回避できることです。

共通祖先から種分化したての姉妹種は、共通祖先のもつニッチの多くを引き継いでいることでしょう。ですから、こうした種の間では、ニッチが重なることが多く、平衡共存が難しいはずです。親種との厳しい種間競争の結果、せっかく誕生した娘種がすぐに駆逐されたのでは、たとえ種分化が起こったとしても、私たちが新種と出合うことはないでしょう。したがって、同所的な種分化では、親種との間に生殖的隔離を形成するとともに、ニッチの分化も進めなければなりません。生殖的隔離だけでもハードルが高いというのに、さらに平衡共存という高いハードルを越えなければならないのです。一方、異所的に種分化した場合、競争を回避するしくみ、すなわちニッチの分化は、親種と再び分布が重なるまでに形成されればよく、時間的な猶予があります。

16.4 生態学的種の概念

さて、新しい種は既存の種と平衡共存できなければ存続しえず、せっかく誕生してもすぐに絶滅してしまう、という考えは、独自の種の概念に結びついていきました。生態学的種の概念と呼ばれるものです。生態学的種の概念では、種を「他の種たちとの平衡共存を可能にするのに十分な、独自のニッチを占める、生殖的に隔離された集団」と定義しています。

この種概念は、生態学を専門とする私にはしっくりきます。しかし同時に、これは実用に耐える定義ではないな、という相反する意見ももっています。ある集団の独自のニッチを示すことなど、(潜在的には可能でしょうが) 現実的にはほぼ不可能だからです。

また、例えば、ある森林に2種が出現した場合、どうやってそれら2種が平衡共存していると示せばよいのでしょうか。一つの森林に2種が出現することは、かならずしも両種が平衡共存していることの証拠にはなりません。寿命の長い植物では、一方の種による他方の種の競争排除（競争に勝る種が劣る種を駆逐すること）には、私たちの寿命よりずっと長い時間（数万年と見積もられています）がかかると考えられます。たとえ森林で2種が同時に見られたとしても、それらは平衡共存しているのではなく、どちらかの種が種間競争でもう一方に敗れ、駆逐されている途中かもしれません。

概念としては大賛成の生態学的種の概念ですが、運用の実現性に問題があると言わざるをえません。

An Illustrated Guide to Evolution

第V部

種の消滅：第6の大量絶滅の時代

第Ｖ部のキーワードは種の絶滅です。誕生した種はいつか絶滅します。種が誕生してから絶滅するまでの時間を種の寿命といいますが、種の寿命は数百万年程だと考えられています。生命の誕生から今までに数十億年が経っているので、この間に種の完全な入れ替わりが何度もあったはずです。種の絶滅はいつも同じペースではなく、特に絶滅のスピードが速い時期がありました。地球の歴史を振り返ると、少なくとも５回の大量絶滅があったことも知られています。そして、なんと現代は第６番目の大量絶滅期にあるといわれています。現代が大量絶滅期だといわれても、しっくり来ない読者もいるかもしれません。そこで、第Ｖ部では現代が大量絶滅期だという根拠を紹介します。そして、現代の大量絶滅の規模を過去５回のそれらと比べ、生物多様性の損失問題とも言われる現代の大量絶滅の深刻さを認識したいと思います。

第17章 未発見・未記載の種

私たちは種の命名・記載を250年あまり続けており、モーラらによれば、その間に種の数は120万を超えました。しかし、今でも1年に2万以上の新種が見つかっています。つまり、地球上のすべての種が記載されたわけではありません。では、未発見・未記載の種はどれくらい残されているのでしょうか。地球上にどれくらいの種がいるのか考察してみましょう。

17.1 新種の発見

皆さんは、「私たちの近くに新種の生き物がいればすぐ気が付くはずで、だからこそ、そういったものは既にすべて記載されつくしているはずだ」と思うかもしれません。そして、「私たちの身の回りには新種などいるはずもなく、新種がいるとすれば、地球上の未探検の地域に生息しているだろう」と予想するのではないでしょうか。確かに、深海や極地方、高山など、狭まってはきましたが、世界にはまだ未探検の地域が残されています。こういった地域には、発見されるのを待つ新種がまだ生息しているかもしれません。現に、こうした地域で新種が発見されています。

しかし、意外にも、最近見つかった新種の多くは私たちの身の回りに生息していました。その生き物が身近にいたことは昔から知られていたけれども、まさかそれが未記載の新種だとは夢にも思わなかった、というパターンです。

言われてみれば、身近にいる生き物のうち、どれが記載済みの種で、どれが未記載の新種か判定するためには、相当の分類学的な知識が必要なことに気がつくでしょう。道端にたたずむ草の中に新種があるかを判定するためには、既知の草の名前を全て言い当てられる能力が必要です。そして、そのどれにも該当しない草が見つかったとき初めて、もしかすると新種かもしれないと疑うことになります。それができるようになるためには、相当のトレーニングが必要です。

まさかの新種発見例を二つ紹介します。一つ目の例は、オーストラリア南部メルボルンの沖に生息するイルカの個体群です（**図 17.1**）。ここにイルカが生息していることは、地元の人たちはよく知っていました。また、科学者も 100 年以上前からこのイルカの存在には気がついていました。しかし、「まぁ、ハンドウイルカだろう、形がだいぶ違うけど……」という見解が一般的で、特別な調査がなされることはありませんでした。そのイルカが 2010 年以降になって慎重に検討され、身体的及び DNA の特徴から新種のイルカであることが判明しました。先住民の言葉で「イルカに似た大きな魚」という意味のブルナンイルカと名づけられたこのイルカは、大都市の近郊で、21 世紀になってから哺乳類の新種が見つかったという例です。

図 17.1　イルカの新種、ブルナンイルカ

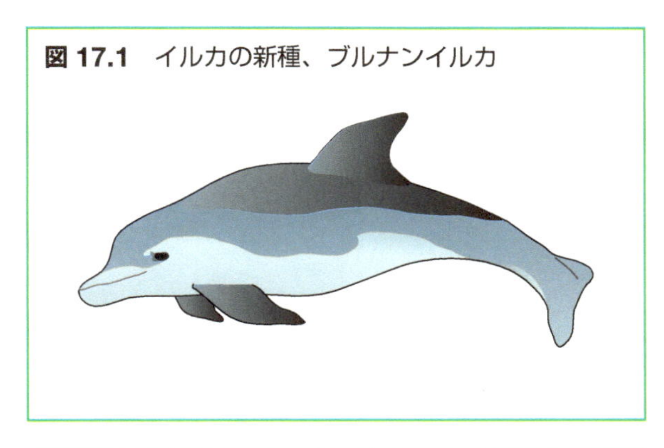

もう一つの例は、2013 年に公表された、西半球では 35 年ぶりとなる肉食哺乳類の新種発見です（**図 17.2**）。アンデス山地の山地林に生息するアライグマ科の新種、オリンギート（olinguito）が発見されたのです。オリンギートは、コロンビアとエクアドルの深い山地林で孤立した樹上生活を営んでいるため、それまで発見に至りませんでした。ただし、この動物は 1970 年代にア

図 17.2　アライグマ科の新種、オリンギート

メリカの動物園で飼育されていた記録が残っています。Ringerl と名づけられたメスのオリンギートは当時、近縁のオリンゴ（olingo）と勘違いされたまま飼育され、動物園を転々としていました。動物園を移動した主な理由は、どの動物園でも（オリンゴとの）交配に失敗したからです。異種間交配を繰り返していたわけですから、今となれば、うまくいかなかった理由は明白です。この例は、動物園で飼育されている間も、新種とは気づかれなかった生き物さえいることを示しています。

これらの例が示すように、ある種が新種かどうか判断するためには、その種が含まれるだろう分類群の専門家の知識と慎重な検討が必要です。ある分類群の専門家が、その群の分類を新しい知見に基づいて整理し直すことで新種が設けられることも、よくあります。現在新種記載される約半分が、こうした再整理により生まれているといわれています。

17.2 未知の種の数

それでは、いまだに命名・記載されていない種は地球上にどれくらいいるのでしょうか。これはまだ解決した問題ではありません。私たちはいろいろな情報や方法を用いて、世界にはきっとこれくらい種がいるはずだ、という推定をしてきました（**表 17.1**）。

こうした種数推定の最近の成果を紹介しましょう。生き物の分類は、種、属、科、目、綱、門、界といった具合に階層的になされていましたね（コラム「生き物の分類」）。当然、属、科、目、綱、門、界といった、種より上位の階級の分類結果は種の分類よりずっと完璧に近いでしょう。もちろん、リンネが提唱した 2 界説から 250 年の間に、界の数も三つ増え、5 界になりました。非常に大きな分類階級である界でさえ、このように多少の揺らぎはあります。しかし、今後たくさんの新種は発見されるだろうけれども、界、門、綱、目はすでに発見しつくされていて、新界、新門、新綱、新目などはほとんど発見されることはないでしょう。現に、1980 年以降に見つかった動物の新門は二つ（有輪動物門と胴甲動物門）だけです。

こうした、種より上の分類階級のほぼ完璧な目録をもとに、モーラらは種数の推定を行いました（**図 17.3**）。彼らはまず界ごとに、門の数、綱の

表 17.1　種数の推定方法と推定された種数

推定方法	推定された種数
I　マクロ生態学的手法	
1　動物の種の体の大きさの頻度分布を用いた推定（体長が 10 分の1になると、そのサイズクラスに含まれる種数がおよそ 100 倍となる関係を利用）	動物だけで 1000 万から 5000 万種が生息
2　緯度に沿った種の出現パターンを用いた推定	大型の動物だけで 300 万から 500 万種が生息
3　種数面積関係を用いた推定	世界の深海には 1000 万種の生物が生息
II　多様性の比率を用いた手法	
1　菌と維管束植物の間の 6：1 の比率を用いた推定	菌だけで 160 万種が生息
2　宿主の樹木種数と宿主特異性をもつ甲虫の種数の 1：163 の比率を用いた推定	熱帯域には節足動物だけで 3000 万種が生息
3　既知の種と未知の種の比率を用いた推定	地球上には 184 万種から 257 万種の昆虫が生息
III　分類学的パターンを用いた手法	
1　時間と種数の累積関係を用いた推定	海洋の魚は 19800 種、鳥は 12000 種が生息
2　命名者と種数の累積関係を用いた推定	未発見の顕花植物が 13%から 18%存在する
3　多数の分類学者の見解を用いた推定	昆虫は 500 万種、海洋生物は 20 万種が生息

数、目の数、科の数、属の数の間の関係を探り、その関係を定式化することに成功しました。そして、この経験式の外挿から、種数の推定を行いました。トップダウン式の種数の推定です。

彼らはこの方法で、「世界にはおよそ 875 万種の生き物がいるはずで、海洋の全種数のうち 91%、地上では 86%の種がまだ未記載のままだ」と予想しました。彼らの推定が正しいとすれば、250 年以上努力を続けてきたにもかかわらず、世界のほとんどの種がまだ未発見、未記載のままだということになります。本当に種数が 875 万種に及ぶとするならば、年に 2 万の新種を記載する現在のペースでは、すべての種を記載するまでに数百年かかる計算になります。

モーラらの言うとおり、今までに記載された種の数が予想される総種数

図 17.3　モーラらによる種数の推定方法

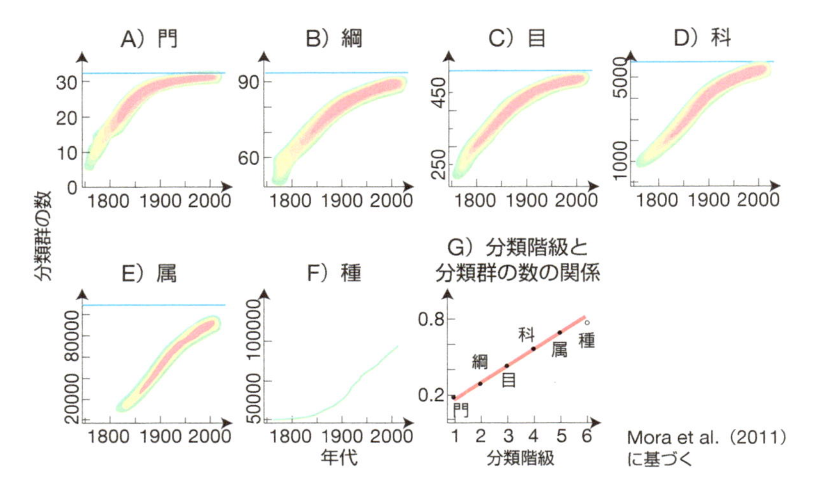

図 A-F: 動物界の門、綱、目、科、属、種数の推定。横軸が年代、縦軸がその年代までに見つかった分類群の数の積算値を示す。時間がたつにつれて分類学的知識が増え、ほとんどの分類群が見つかるようになる。このため、時間がたっても新しい分類群が増えにくくなる。

この関係から各分類階級の分類群の数を推定した。A から F の各図に記された横軸に平行の青い線が、推定されるその分類階級の分類群の数。門ならば 32、綱ならば 92 が推定数となる。
門の数は少ないが、分類階級が下がるにつれて分類群の数が上がっていく。

この方法で種数まで求められればいいのだが、F 図に示したとおり、種の分類が進んでいないため種数が飽和する兆しさえ見えない。種数推定には別の方法が必要となる。
A から G 図で求めた推定数を縦軸に、横軸に分類階級の順番（門＝1、綱＝2、目＝3、科＝4、属＝5、種＝6）をとると、両者の関係がほぼ直線となることを見つけたモーラらは、この直線関係を利用して種数を推定した。

の 1 割程度だとすると、ゾウの仲間もネコの仲間もヒトの仲間もまだ見つかっていない種があと 10 倍もいるのか、とわくわくしてくるかもしれません。しかし、期待を裏切って申し訳ないのですが、実はそうではありません。分類群によって、種の記載が進んでいるものとそうでないものがあるのです（**図 17.4**）。現在の地球の種の大部分は昆虫などの小型の生き物から成っています。脊椎動物の種数は全体の数％にしかなりません。哺乳類に至ってはわずか 0.4％です。そして、哺乳類はだいたいすべての種が記載されており、前述のブルナンイルカやオリンギートのような例はごく少数だと予想されています。それに対して、昆虫などの小型の動物や微生物などはまだほとんどの種が記載されていません。未記載の種のほとんど

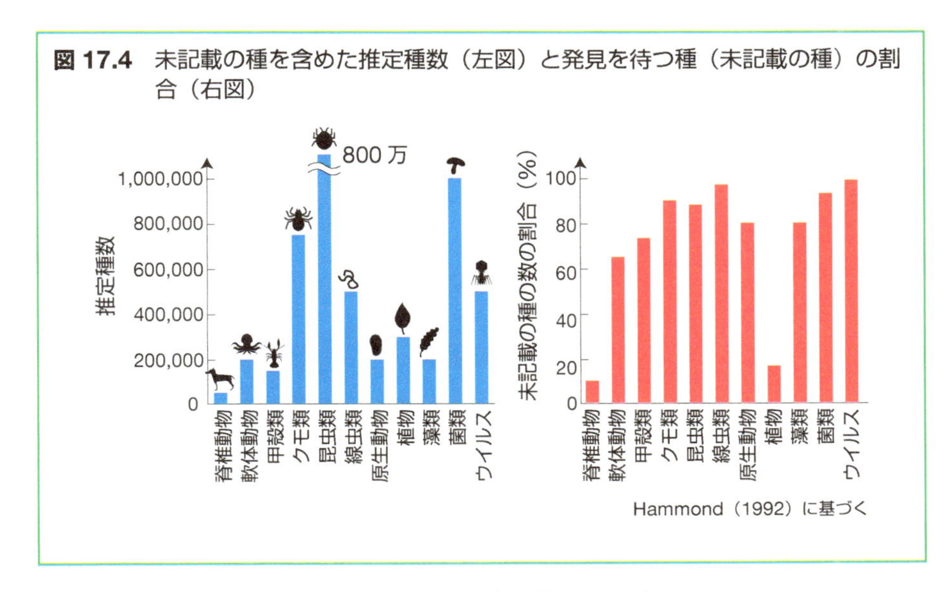

図 17.4 未記載の種を含めた推定種数（左図）と発見を待つ種（未記載の種）の割合（右図）

はこういった分類群に属している生き物なのです。

第18章 絶滅：種の消滅

種は種分化により一方的に数を増やすわけではありません。種分化し、誕生する種もあれば、絶滅し、消えていく種もあります。ここからは、種の絶滅について考えてみましょう。

18.1 ほとんどの種が絶滅した

人類が発見した化石の記録は、およそ25万種の動物と植物を含んでいます。先述のとおり、世界には1100万種ほどが生息していると予想されていますから、そのわずか2.5%以下に相当する数の種しか化石では見つかっていないことになります。化石の記録はこれまでの数十億年の時間の生物の歴史を反映しているので、現生する種よりずっと多くの種が化石として見つかっていても不思議ではありません。

それとも、現代は数十億年に及ぶ生命の歴史に比べて、生き物の種類が格別に豊富な時期なのでしょうか。たぶんそうではありません。化石の記録には、過去に生息した生物のほんのわずかな部分しか残されていないのです。古生物学者たちは、炭酸カルシウムの硬い殻や骨格をもち、比較的化石として保存されやすい種であっても、たった数%の種しか化石として残らないと見積もっています。化石に残りにくい生き物の場合、見つかる種の割合は全体の1%に満たないでしょうし、ほとんど化石として残っていないグループもあるでしょう。

例えば、現在生きている種の大部分は昆虫の仲間でしたね。もちろん昆虫の化石も見つかることはありますが、それは非常にまれなことです。概して昆虫の仲間は化石になりにくいのです。キチン質とタンパク質を主成分とする昆虫の外骨格は、化石化する前に分解されてしまうことがほとんどです。加えて、堆積物が地層として残りにくい陸上が多くの昆虫の生息地であることも、化石化しにくい理由の一つです。陸では堆積物に埋まる前に、遺体が分解、破壊されることがほとんどでしょう。

こうしたバイアスがかかった化石の種数と現生の生物の種数を直接比較することには、あまり意味がありません。常識的に考えれば、現生の種数より、かつて生息していた絶滅した生物の種数のほうがはるかに多いはずです。

後に詳しく紹介しますが、シンプソンによれば、種の寿命は275万年くらいです。この数字から考えれば、数十億年という生物の長い歴史の中で種の完全な入れ替わりが何回もあったことは明らかです。ラウプ（Raup, D. M.）は、これまでに生息した生物の種の総数は50億から500億に及ぶはずだと予想しています。この数字が正しいのならば、これまでに地球上に生まれた種のほとんどすべてがすでに絶滅してしまったということになります。

18.2 絶滅のプロセス

今まで何度となく繰り返されてきた種の絶滅ですが、これも種分化と同じように詳しく見れば、種ごとに絶滅した過程が異なっているはずです。ただし、やはり種分化と同様に、いくつかの主要な過程を見ることができるでしょう。

過去に地球で起こったことのヒントが現在の地球にあると考えたのは、イギリスの地質学者ライエル（Lyell, C.）です。彼はイギリスの地質学者ハットン（Hutton, J.）の主張した斉一主義の考えを受け入れ、著書『地質学原理』の中で、地表は過去においても今見られるような変化を続けており、微細な変化が蓄積されたことで形成された、と説きました。現在観察される現象は過去にも起こったことであり、ずっと繰り返されてきたという考えです。そして、私たちの時間感覚では世界はほとんど変化しないように見えますが、ほんの少しの変化が地質年代にわたって積み重なることで、世界が漸次的に変化すると考えたのです。

こう考えたライエルは、世界が突然に激変するとしたキュビィエの天変地異説を完全に否定しました。一方で、ライエルの斉一説を生物に当てはめることで、ダーウィンは進化理論を展開したようです。しかし皮肉にも、ライエルはダーウィンの進化理論、つまり非常に長い時間をかけてある種が別の種に変化するという考えには反対した、といわれています（ただし、晩年には進化理論を受け入れたことも知られています）。

さて、ライエル流に考えれば、過去に起こった絶滅のヒントは、私たちの目の前ですでに起こった、もしくは起きつつある絶滅にあることになります。現在の絶滅のシナリオを大きく分ければ、(1) 生息地の破壊、(2) 生息環境の悪化、(3) 他の種による捕食、(4) 他の種との資源を巡る競争における敗北、(5) 病気のまん延の五つです。最初の二つは物理・化学的で非生物学的な要因による絶滅で、残りの三つは生物間関係という生物学的な要因による絶滅です。こうした理由で今までに多くの種が絶滅したことでしょう。

18.3 種の寿命

地上に現れた種がいずれ絶滅する運命にあるならば、それらはどの程度の期間生存できるのでしょうか。この問いは、いわゆる「種の寿命」を求めるもので、古くから多くの科学者が挑んできました。シンプソンは平均で 275 万年と推定しています。また、新生代（白亜紀末に起きた最後の大量絶滅以降の地質時代）にあたる最近 4300 万年間の軟体動物の化石目録は、寿命が種によって異なり、300 万年の種もあれば、2500 万年に及ぶ長い寿命をもつ種もいることを示しています。やはり新生代の化石の記録から、ウシ目で 400 万年強、ウマ目で 300 万年強、ネコ目や肉歯目で 300 万年弱と推定されています。（大量絶滅期以外の）通常時には、これくらいの頻度で絶滅が起こっているのです。

種の寿命をもとに絶滅の規模を測る指標として、100 万種－年当りの絶滅種数（extinctions per million species-years：E/MSY 値）を求められます。E/MSY 値は 100 万種あたりの 1 年の絶滅種数と考えてよいですし、1 万種あたり 100 年の絶滅種数と考えることもできます。通常時の E/MSY

値は平均で0.1と見積もられたり、哺乳類では1.8と推定されたりしています。もし0.1 E/MSYを採用するならば、地球上には現在1100万種が生息していると予想されているわけですから、毎年1.1種が絶滅している計算になります。この通常時の絶滅速度はバックグラウンドと呼ばれています。

第19章 大量絶滅

19.1 ビッグファイブ

ハーバード大学でグールドに師事したセプコスキー（Sepkoski, J. J.）は化石海生動物の科と属の総目録を作成しました。1982年にラウプとセプコスキーは、この総覧に基づき海生無脊椎動物の科の100万年当たりの絶滅数を計算しました。そして、動物の化石が出現するようになった過去5億6千万年の間に、通常時より明らかに大きな絶滅が起こった五つの地質年代（オルドビス紀末、デボン紀末、ペルム紀末、三畳紀末、白亜紀末）を示しました（**図19.1**）。今ではこれらはビッグファイブと呼ばれています。

同じ1982年にセプコスキーは、これらに次ぐ大きな絶滅が過去6億年の間に10回あったと記しています。さらにビッグファイブに加えて、三葉虫や古盃類が大打撃を受けた5億1200万年前の前期カンブリア紀末に

図19.1 過去6億年の海生現代型進化動物相（巻貝、二枚貝、甲殻類、ウニなど）の変化

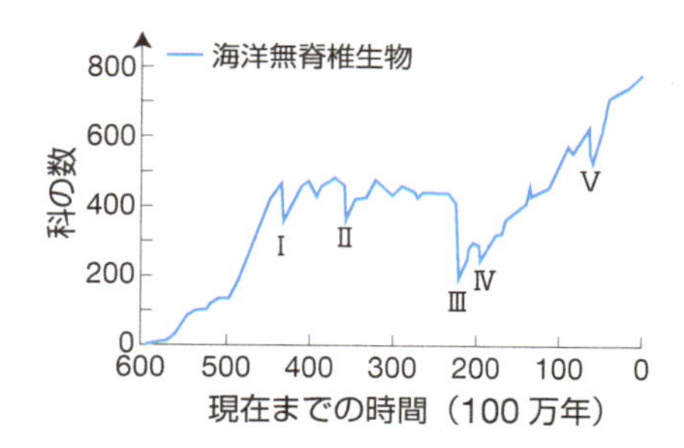

5回あった大量絶滅の時期はIからVで示されている。現在に近づくにつれて科の数が増えているが、大量絶滅期には科の数が急激に減少している。
最大の絶滅は約2億5千万年前のペルム紀末の大量絶滅（III）だった。
Sepkoski（1984）より一部改訂。

あった絶滅や、5億9000万年前にあった真核生物の藻類が犠牲となった絶滅を大量絶滅に加えるなど、いろいろな考えがあります。ともあれ、先のビッグファイブは、誰もが認める大量絶滅期です。

ビッグファイブはなぜ起きたか？

ビッグファイブのうち最近起こったのは、恐竜の絶滅で有名な約6500万年前の大量絶滅です。この最後の大量絶滅を含め、ビッグファイブの規模や原因が精力的に調べられています。しかし、遠い昔に起こったこれらの出来事の全貌を明らかにするためには、まだまだ時間がかかりそうです。

比較的短時間（といっても、典型的には200万年以内という、われわれの感覚からすると非常に長い時間スケールです）に、全体の75%を超えるほとんどの種が絶滅する大量絶滅は、通常期の絶滅とは異なり、地球環境の激変（カタストロフィー）によりもたらされたと考えられています。

では、カタストロフィーはなぜ起きたのでしょうか。その原因については、隕石の落下や地球の寒冷化、火山活動やメタンハイドレートの大量分解によるメタンガス放出などさまざまな説が提唱されており、今後の研究でさらに候補が絞られることが期待されています（**表19.1**）。ただし、今挙げたような出来事は大量絶滅の引き金にすぎません。こうした出来事に誘発されて起こる気候変動や大気や海洋成分の変化、生物間関係の変化などが相乗的に生き物に影響し、200万年間の大量絶滅をもたらしたと考えられています。いずれにせよこの地球環境の激変は、キュヴィエの天変地異説に通じる考えです。ライエルに否定されたキュヴィエの考えが長い時間を経て再評価されるのは興味深いですね。

ビッグファイブに共通する特徴

まだまだわからないことだらけの大量絶滅ですが、ビッグファイブに共通する特徴も四つ知られています。

(1) まず一つ目は、陸上と海洋で同時に絶滅が起こっていることです。大量絶滅の影響は、陸上だけもしくは海洋だけにとどまらなかったのです。

(2) 二つ目の特徴は、陸上では植物より動物の種のほうが多く絶滅したことです。植物は動物に比べて、大量絶滅に対していくらか強い抵抗

表 19.1　ビッグファイブの大量絶滅

大量絶滅	時期と期間	絶滅の規模	考えられる原因
オルドビス紀末	4 億 4300 万年前の 190 万年から 330 万年間	57%の属が消失し、86%の種が絶滅したと推定	度重なる氷期と間氷期の交代（急激な気候変動）とそれによる海退と海進の影響。アパラチア山脈の造山と風化が大気と海洋の化学成分に影響を与えた。
デボン紀末	3 億 5900 万年前の 200 万年から 2900 万年間	35%の属が消失し、75%の種が絶滅したと推定	陸上植物の多様化に伴う大気中二酸化炭素濃度の減少とそれによる地球寒冷化。海底の無酸素海水と海進によるその拡散。隕石の影響は目下議論中。
ペルム紀末	2 億 5100 万年前の 6 万年から 280 万年間	56%の属が消失し、96%の種が絶滅したと推定	シベリアの大規模な火山活動に由来する二酸化炭素による地球温暖化と無酸素海洋の拡大。海と陸両方で起こった二酸化炭素と硫化水素濃度の上昇。海水の酸性化。隕石の影響は目下議論中。
三畳紀末	2 億年前の 60 万年から 830 万年間	47%の属が消失し、80%の種が絶滅したと推定	中央太平洋マグマ域の活性化が二酸化炭素濃度の上昇を引き起こし、地球温暖化と海洋の石灰化を誘発。
白亜紀末	6500 万年前の 250 万年間	40%の属が消失し、76%の種が絶滅したと推定	ユカタン半島の隕石の衝突が地球環境の激変と寒冷化を引き起こし、それに続くさまざまな出来事が生物相を蝕んだ。例えばデカン地方の火山の活性化とそれによる地球温暖化や地殻変動と陸の風化が進み、海洋の富栄養化と酸素欠乏化などが起こった。

力をもつようです。

(3) 三つ目は、熱帯地方に生息する生物が他の地域の生物より大量絶滅の影響をひどく受けた点です。

(4) 最後の特徴は、三葉虫の仲間やアンモナイトの仲間など特定の分類群の動物が大量絶滅に脆弱で、繰り返しその被害を受けてきたことです。

カンブリア紀に出現した三葉虫は、オルドビス紀末の大量絶滅でかなりの種が絶滅しました。しかし、いくつかは生き残り、シルル紀の地層にも化石を残しています。彼らはデボン紀末の大量絶滅でも再び大打撃を被りましたが、やはりいくつかの種はこれを乗り越えました。しかし、ペルム紀末の大量絶滅で三葉虫はすべて滅び去ったのです。

大量絶滅の規模

では、大量絶滅期の絶滅の規模はどの程度だったのでしょうか。これに答えるのは容易ではありません。大量絶滅が続いた期間の長さと、その間に絶滅に至った種数の両方を明らかにする必要がありますが、どちらも非常に難しい問題です。とはいえ、推定値が全くないわけではありません。

ランピノ（Rampino, M. R.）らは地層に残された証拠から、生物史上最悪だったペルム紀末（2億5千万年前）の大量絶滅の期間を6万年間に絞り込むことに成功し、さらにたぶん8000年の期間の出来事だったと主張しています。本当にここまで精度よく絶滅期間を絞り込めるかは議論が残るところですが、とりあえずこれらの値を受け入れることにしましょう。丸岡照幸はこの絶滅期間をもとに、この大量絶滅のE/MSY値（100万種-年あたりの絶滅種数）を15（絶滅の期間を8000年とした場合は110）と見積もりました。バックグラウンド時のE/MSY値を0.1と考えれば、その最大1100倍となる非常に大きな絶滅速度がこの時期に観測されたことになります。

19.2 6度目の大量絶滅

ビッグファイブとは異なる大量絶滅

近年、野生動植物の種の絶滅が過去に類をみない速度で進行しており、生物多様性の減少が問題視され、地球規模の主要な環境問題の一つに挙げられています。さらに、すでに6度目の大量絶滅期に突入したと主張する論文が、2010年以降立て続けに発表されました。

しかし、現代が大量絶滅期だといわれても少しぴんときませんね。今まで5回の大量絶滅の引き金となった隕石の落下や火山活動などに由来する地球環境の激変は起きていませんし、私たちの目の前で動植物がばたばたと絶滅しているようにも見えないからです。

それもそのはずで、現在進んでいる生物多様性の損失・減少とビッグファイブとでは、その原因が大きく異なります。ビッグファイブでは、物理・化学的な要因による地球環境の激変が絶滅の要因でした。しかし、今回は生物学的要因、すなわち動物の1種である私たちヒトが原因となっている大量絶滅なのです。

では、私たちのどのような行動が生物の絶滅と関係しているのでしょうか。人為的影響による絶滅は、(1) 開発、土地利用変化に伴う生息地の破壊、(2) 生息地の分断化、(3) 大気汚染や水質汚濁に代表される生息環境の悪化、(4) 乱獲、(5) 外来種の持ち込みに伴う既存の種の競争排除、捕食、病気のまん延の五つが直接的な原因だと知られています。

現代の絶滅の規模

現在起きている生物多様性の減少は大問題ですが、大量絶滅に突入したとするのはおおげさな気もします。それでは現在、どの程度の絶滅が起きているのか確かめてみましょう (**図 19.2**)。

生物多様性の減少という問題の解決に向けて大きく貢献している組織があります。IUCN (国際自然保護連合) です。IUCN は国際連合の機関ではありませんが、国家、政府機関、非政府機関で構成される国際的かつ世界最大の自然保護ネットワークです。IUCN は、絶滅の危機に瀕している世界の野生動植物のリスト、レッドリストを作成しています。このレッド

図 19.2　現在と史上最悪といわれるペルム紀末の大量絶滅の E/MSY 値

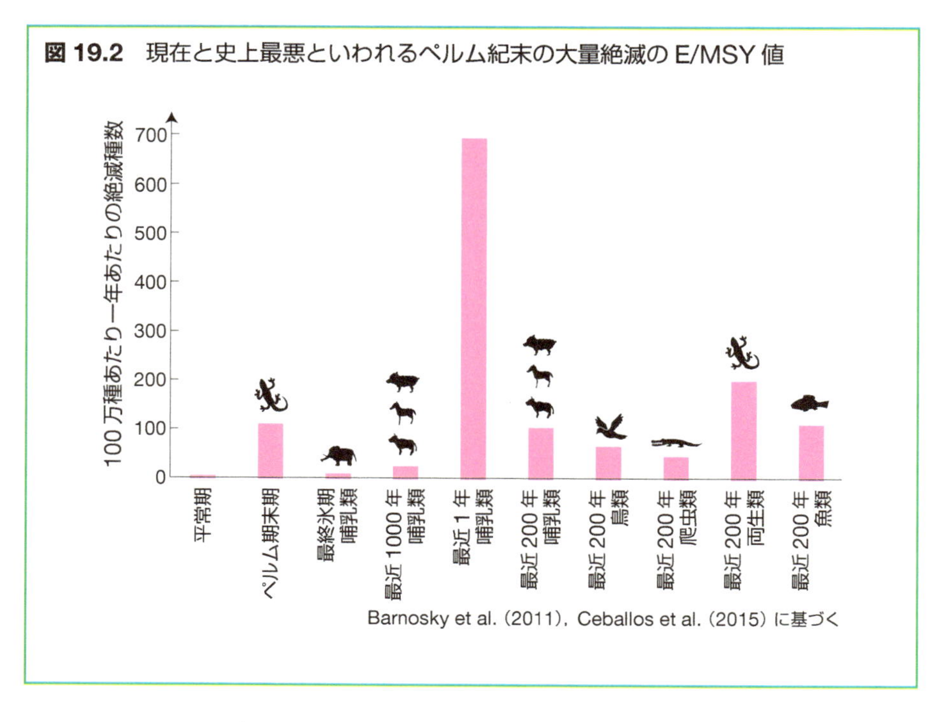

Barnosky et al. (2011), Ceballos et al. (2015) に基づく

リストに基づいて、現在の絶滅の規模を評価することができます。

バーノスキー（Barnosky, A. D.）らはレッドリストをもとに、過去1000年の哺乳類のE/MSY値を最大で24と推定しました。7万年前から1万年前の最終氷期には、ゾウ目に代表されるメガファウナ（巨大動物相）の比較的規模の大きな絶滅があったことが知られていますが、このときのE/MSY値は9です。これと比べると、最近1000年の絶滅の規模はかなり大きいことになります。

さらに、E/MSY値は近年に近づくほど上がり、推定によっては、なんと693 E/MSY値と見積もられることもあります。セバイオス（Ceballos, G.）らもIUCNのレッドリストを用い、脊椎動物の過去200年間の絶滅の程度を評価し、E/MSY値が平均で106（哺乳類＝106、鳥類＝68、爬虫類＝48、両生類＝200、魚類＝112）であることを突き止めました。これらは、ペルム期末に起きた史上最悪の大量絶滅期のE/MSY値に匹敵します。

大量絶滅期の特徴は、E/MSY値の高さもさることながら、絶滅の結果にも見ることができます。ビッグファイブのいずれにおいても、すべての種のうち75%以上が絶滅しました。大量絶滅を、75%以上の種が絶滅する出来事と定義できるかもしれません。現代の絶滅を見ると、IUCNによりすでに絶滅したと判定されている種は、全体の1%ほどだけです。IUCNのレッドリストでは、絶滅に瀕している種を絶滅危惧種（さらに絶滅寸前、絶滅危惧、危急と細かくランクづけされています）として扱っています。仮にこれらの絶滅危惧種がすべて絶滅したとしても、絶滅種の割合が全体の50%を超えることはありません。以上の考察から、現代の絶滅は、E/MSY値ではビッグファイブに匹敵するか、あるいは凌駕する規模ですが、絶滅に至った種数が全体に占める割合をみればまだ限定的である、とまとめられます。

6度目の大量絶滅はまだ防げる

現在の絶滅と過去にあったビッグファイブを単純比較することには、あまり意味がないかもしれません。過去の大量絶滅は数万年から数百万年という非常に長い時間をかけて起こった出来事であるのに対して、現在の人為起源の絶滅はここ数百年の出来事だからです。たとえ、E/MSY値や絶滅した種の割合といった同じ尺度で測ったとしても、時間スケールが違いすぎる数値を単純に比較するのは問題があるでしょう。

ただし、この比較から私たちがたくさんのことを学べるのも事実です。最初に認識すべきは、現在、人為的な影響により多くの種が絶滅に追いやられており、その絶滅の速さは過去にあった大量絶滅のそれに匹敵する規模である、ということです。地球上で、私たちのせいで大変なことが起こっていることを、まずは認識しなければなりません。

しかし、過去の大量絶滅は、その大規模な絶滅が数万年以上も続いた結果です。現在の、私たちが原因となっている絶滅はまだ始まったばかりです。失われた種を地球上に戻すことはできませんが、今までに失われた種はまだ全体の1%程度ですから、大量絶滅期への突入を防ぐことは可能でしょう。私たちは、今ならまだ引き返せる地点にいるのです。

もし、この絶滅速度が長期間維持されれば、未曾有の大量絶滅をもたらしますが、幸いにもIUCNのデータはまだそこに至っていないことを示しています。私たちのどんな行動が他の生物を絶滅に追いやっているのかしっかりと調べ、それに対して十分な対策を講じることで、今回の大量絶滅は回避できるはずですし、回避しなければなりません。現在はそれを行えるぎりぎりのタイミングであり、待ったなしの状況にあることを、しっかりと心に刻むべきです。

参考文献

Barnosky, A. D., et al. 2011. Has the Earth's sixth mass extinction already arrived? Nature 471: 51-57.

Buckley-Beason V. A., et al. 2006. Molecular evidence for species-level distinctions in clouded leopards. Current Biology 16: 2371-2376.

Calder, N. 1974. The Life Game: Evolution and the New Biology. Viking.（和田昭允・橘秀樹〔訳〕生命の起源と進化 BBC 科学シリーズ みすず書房）

Carson, H. L. 1983. Chromosome sequences and interisland colorizations in Hawaiian *Drosophila*. Genetics 103: 465-482.

Ceballos, G., et al. 2015. Accelerated modern human-induced species losses: entering the sixth mass extinction. Science Advances 1:e1400253.

Chan, H. T., Appanah, S. 1980. Reproductive biology of some Malaysian dipterocarps. I. Flowering biology. The Malaysian Forester 43: 132-143.

Charlton-Robb K., et al. 2011. A new dolphin species, the Burrunan Dolphin *Tursiops australis* sp. nov., endemic to southern Australian coastal waters. PLoS One 6: e24047.

Darwin, C. 1859. On the Origin of Species. John Murray.（渡辺政隆〔訳〕種の起源 光文社）

Darwin, C. 1871. The Decent of Man and Selection in Relation to Sex. John Murray.（長谷川真理子〔訳〕人間の進化と性淘汰 II 文一総合出版）

Dobzhansky, T. 1935. A critique of the species concept in biology. Philosophy of Science 2: 344-355.

Fennessy, J., et al. 2016. Multi-locus analyses reveal four giraffe species instead of one. Current Biology 26: 1-7.

Fisher, R. A. 1930. The Genetical Theory of Natural Selection. Claredon Press.

Gauze, G. F. 1934. The Struggle for Existence. The Williams & Wilkins Company.（吉田敏治〔訳〕生存競争 思索社）

Gilmour, J. S. L., Gregor, J.W. 1939. Demes: a suggested new terminology.

Nature 144: 333-334.

Grant, P. R., Grant, B.R. 2016. How and Why Species Multiply: The Radiation of Darwin's Finches. Princeton University Press.（巌佐庸・山口諒〔訳〕なぜ・どうして種の数は増えるのか——ガラパゴスのダーウィンフィンチ 共立出版）

Green, R. E., et al. 2010. A draft sequence of the Neandertal genome. Science 328: 710-722.

Hammond, P. M. 1992. Species inventory. In Global Diversity. Pp. 17-39. Chapman and Hall.

Helgen, K. M., et al. 2013. Taxonomic revision of the olingos (*Bassaricyon*), with description of a new species, the Olinguito. ZooKeys 324: 1-83.

Irwin, D. E., et al. 2001. Speciation in a ring. Nature 409: 333-337.

Kettlewell, H. B. D. 1965. Insect survival and selection for pattern. Science 148: 1290-1296.

Knowlton, N., et al. 1993. Divergence in proteins, mitochondrial DNA, and reproductive compatibility across the isthmus of Panama. Science 260: 1629-1632.

Lieberman, D. E. 2013. The Story of the Human Body: Evolution, Health and Disease. Pantheon Press.（塩原通緒〔訳〕人体600万年史（上）——科学が明かす進化・健康・疾病 早川書房）

Losos, J. B. 2009. Lizards in an Evolutionary Tree: Ecology and Adaptive Radiation of Anoles. University of California Press.

正木 進三 1974. 昆虫の生活史と進化——コオロギはなぜ秋に鳴くか 中央公論社

増田 隆一 1996. 遺伝子から見たイリオモテヤマネコとツシマヤマネコの渡来と進化起源 地学雑誌 105: 354-363.

松島 義章 2010. 貝が語る縄文海進——南関東 ＋2℃の世界 増補版 有隣堂

丸岡 照幸 2010. 96%の大絶滅——地球史におきた環境大変動 技術評論社

May, R. M. 1990. How many species? Philosophical Transactions of the Royal Society of London 330: 293-304.

宮竹 貴久生 2015. 命の不思議に挑んだ科学者たち 山川出版社

Mora, C., et al. 2011. How many species are there on Earth and in the ocean? PLoS Biology 9: e1001127.

Myer, E. 1942. Systematics and the Origin of Species. Columbia University

Press.
新妻 昭夫 2010. 進化論の時代――ウォーレス＝ダーウィン往復書簡 みすず書房
大場 信義 2009. ホタルの不思議 どうぶつ社
Prothero, D. R. 2014. Species longevity in North American fossil mammals. Integrative Zoology 9: 383-393.
Rampino, M. R., et al. 2000. Tempo of the end-Permian event: High-resolution cyclostratigraphy at the Permian-Triassic boundary. Geology 28: 643-646.
Ramsey, J. et al. 2003. Components of reproductive isolation between the monkeyflowers. Evolution 57: 1520-1534.
Raup, D. M. 1992. Extinction: Bad Genes or Bad Luck? W. W. Norton & Company.（渡辺政隆〔訳〕大絶滅――遺伝子が悪いのか運が悪いのか？ 平河出版社）
Raup, D. M., Sepkoski, J. J. 1982. Mass extinctions in the marine fossil record. Science 215: 1501-1503.
Seehausen, O., et al. 2008. Speciation through sensory drive in cichlid fish. Nature 455: 620-626.
Sepkoski, J. J. Jr. 1984. A kinetic model of Phanerozoic taxonomic diversity. III. Post-Paleozoic families and mass extinction. Paleobiology 10: 246-267.
Shah, S. 2011. The Fever: How Malaria Has Ruled Humankind for 500,000 Years. Sarah Crichton Books.（夏野 徹也〔訳〕人類五〇万年の闘い――マラリア全史 太田出版）
Smith, T. B., et al. 1995. Evolutionary consequences of extinctions in populations of a Hawaiian honeycreeper. Conservation Biology 9: 107-113.
Sota, T., Kubota, K. 1998. Genital lock-and-key as a selective agent against hybridization. Evolution 52: 1507-1513.
高須 英樹 1978. アキノキリンソウの変異と分布 種生物学研究 2: 54-64.
Turesson, G. 1925. The plant species in relation to habitat and climate. Heredutas 6: 147-236.
鶴井 香織・西田 隆義 2010. ハラヒシバッタ（バッタ目ヒシバッタ科）における黒紋型頻度の緯度クライン，大阪市立自然史博物館研究報告 64: 19-24.

White, M. J. D. 1978. Modes of Speciation. W. H. Freeman and Company.
Wright, S. 1977. Evolution and the Genetics of Populations, Vol. 3. University of Chicago Press.
八杉 龍一 1989. 生物学の歴史（上）日本放送出版協会

索　引

アルファベット

あ

か

さ

た

な

は

ま

ら

著者紹介

山田俊弘（やまだとしひろ）　博士（理学）
　1997 年　大阪市立大学大学院理学研究科生物学専攻博士課程修了
　現　在　広島大学大学院統合生命科学研究科教授

NDC467　　218p　　21cm

絵（え）でわかるシリーズ

絵（え）でわかる進化（しんか）のしくみ　種（しゅ）の誕生（たんじょう）と消滅（しょうめつ）

2018 年 2 月 28 日 第 1 刷発行
2024 年 11 月 15 日 第 5 刷発行

著　者　山田俊弘（やまだとしひろ）
発行者　篠木和久
発行所　株式会社 講談社　KODANSHA
　〒 112-8001　東京都文京区音羽 2-12-21
　　販　売　(03) 5395-5817
　　業　務　(03) 5395-3615
編　集　株式会社 講談社サイエンティフィク
　代表　堀越俊一
　〒 162-0825　東京都新宿区神楽坂 2-14　ノービィビル
　　編　集　(03) 3235-3701
本文データ制作　株式会社 エヌ・オフィス
印刷･製本　株式会社 ＫＰＳプロダクツ

落丁本・乱丁本は、購入書店名を明記のうえ、講談社業務宛にお送りください。送料小社負担にてお取替えいたします。なお、この本の内容についてのお問い合わせは、講談社サイエンティフィク宛にお願いいたします。定価はカバーに表示してあります。

Printed in Japan

ISBN 978-4-06-154784-1